Сергей Ляпцев
Валентин Потапов

Математические модели процессов сухого обогащения горных пород

Сергей Ляпцев
Валентин Потапов

Математические модели процессов сухого обогащения горных пород

Уравнения работы разделительных аппаратов

LAP LAMBERT Academic Publishing

Impressum / **Выходные данные**

Bibliografische Information der Deutschen Nationalbibliothek: Die Deutsche Nationalbibliothek verzeichnet diese Publikation in der Deutschen Nationalbibliografie; detaillierte bibliografische Daten sind im Internet über http://dnb.d-nb.de abrufbar.

Alle in diesem Buch genannten Marken und Produktnamen unterliegen warenzeichen-, marken- oder patentrechtlichem Schutz bzw. sind Warenzeichen oder eingetragene Warenzeichen der jeweiligen Inhaber. Die Wiedergabe von Marken, Produktnamen, Gebrauchsnamen, Handelsnamen, Warenbezeichnungen u.s.w. in diesem Werk berechtigt auch ohne besondere Kennzeichnung nicht zu der Annahme, dass solche Namen im Sinne der Warenzeichen- und Markenschutzgesetzgebung als frei zu betrachten wären und daher von jedermann benutzt werden dürften.

Библиографическая информация, изданная Немецкой Национальной Библиотекой. Немецкая Национальная Библиотека включает данную публикацию в Немецкий Книжный Каталог; с подробными библиографическими данными можно ознакомиться в Интернете по адресу http://dnb.d-nb.de.

Любые названия марок и брендов, упомянутые в этой книге, принадлежат торговой марке, бренду или запатентованы и являются брендами соответствующих правообладателей. Использование названий брендов, названий товаров, торговых марок, описаний товаров, общих имён, и т.д. даже без точного упоминания в этой работе не является основанием того, что данные названия можно считать незарегистрированными под каким-либо брендом и не защищены законом о брендах и их можно использовать всем без ограничений.

Coverbild / Изображение на обложке предоставлено: www.ingimage.com

Verlag / Издатель:
LAP LAMBERT Academic Publishing
ist ein Imprint der / является торговой маркой
OmniScriptum GmbH & Co. KG
Heinrich-Böcking-Str. 6-8, 66121 Saarbrücken, Deutschland / Германия
Email / электронная почта: info@lap-publishing.com

Herstellung: siehe letzte Seite /
Напечатано: см. последнюю страницу
ISBN: 978-3-659-54464-4

СОДЕРЖАНИЕ

ВВЕДЕНИЕ

Одной из основных задач переработки руд и углей является выделение продуктов, пригодных для дальнейшего технически возможного и экономически целесообразного химического или металлургического использования. В подавляющем большинстве случаев из природных руд и углей экономически невыгодно, а часто и технически невозможно непосредственно извлекать полезные компоненты. Для решения этой задачи вначале производится дробление и измельчение исходного материала, после чего минералы разделяются без изменения их химического состава, структуры или агрегатного состояния, так как металлургические, химические и другие промышленные процессы основаны на переработке обогащенных полезными компонентами продуктов — концентратов [1].

Обогащение полезных ископаемых осуществляется с использованием различных физических и физико-химических свойств минералов. К обогащению относятся и процессы разделения по форме и размеру частиц, и плотности их материала. Довольно часто разделение основывается на изменениях движения частиц при движении в рабочем пространстве разделительного аппарата. В группу процессов разделения полезных ископаемых, использующих различие в эффектах взаимодействия кусков разделяемых компонентов с рабочей поверхностью сепаратора, входят разделение по упругости, трению, адгезии, пластичности и форме разделяемых частиц. Перспективными направлениями в разделении многокомпонентных смесей являются методы, в основу которых положена комбинация нескольких эффектов взаимодействия с рабочей поверхностью [2].

Разделение по упругости, трению, комбинированное разделение по упругости и трению широко применяются для получения высококачественных заполнителей для бетона из неравнопрочных пород, отделения гравия от глинистых включений, обогащения известнякового щебня для получения

2

кондиционных продуктов из слюдосодержащего сырья и тальковых руд. В сельском хозяйстве широко применяются аппараты для очистки от примесей и разделение по трению продуктов переработки зерна.

В основе процесса разделения горных пород основными факторами являются различия в коэффициентах трения и в форме кусков слагающих эти породы компонентов (угли, сланцы, слюды, кварцы и асбестосодержащие руды, для которых различие в форме кусков компонентов является следствием их физико-механических характеристик). Разделение частиц по трению и форме приводит к концентрации того или иного компонента в продукт разделения из-за различия в скоростях движения разделяемых частиц на наклонной плоскости. Для данных методов разделения применяются аппараты с неподвижной и подвижной рабочей поверхностью.

Множество способов разделения определяет и большое количество различных типов аппаратов для разделения многокомпонентных смесей полезных ископаемых.

Совершенствование существующих и создание новых разделительных аппаратов невозможно без проектных расчетов, основанных на экспериментальных исследованиях [3]. Часто для определения конструктивных параметров разделительных аппаратов требуется изготовить действующую модель со сменными элементами и проводить непосредственные испытания модели. Однако, невозможно предусмотреть весь спектр конструктивных параметров, в результате чего приходится иметь большое количество сменных деталей, размеры которых, обеспечивающие наибольшую эффективность процесса разделения, заранее трудно определить.

Конструктивные расчеты могут опираться также на результаты имитационного моделирования, позволяющие проследить весь процесс разделения и оценить его эффективность. Такое исследование, как правило, предполагает многовариантные расчеты по формулам, определяющим связь между технологическими и конструктивными параметрами аппарата.

В предлагаемой монографии содержатся основные соотношения, необходимые для описания процессов, происходящих в разделительных аппаратах, принцип действия которых основан на различиях во фрикционных и упругих характеристик обогащаемых горных пород. Уравнения использованы для моделирования процессов в конкретных технологических аппаратах, но могут применяться и для анализа аналогичных устройств, использующих те же принципы.

1. МОДЕЛИРОВАНИЕ ДВИЖЕНИЯ ГОРНЫХ ПОРОД ПО НАКЛОННОЙ ПЛОСКОСТИ

1.1. КЛАССИФИКАЦИЯ ЧАСТИЦ ГОРНЫХ ПОРОД ПО ИХ ФОРМЕ

Переработка полезных ископаемых на обогатительных фабриках включает ряд последовательных операций, в результате которых достигается отделение полезных компонентов от примесей. Различия в форме частиц и коэффициенте трения позволяет отделять плоские чешуйчатые частички слюды или волокнистые агрегаты асбеста от частичек породы, которые имеют округлую форму. При движении по наклонной плоскости волокнистые и плоские частички скользят, а округлые скатываются вниз. Сопротивление качению всегда меньше сопротивления скольжению, поэтому плоские и округлые частички движутся по наклонной плоскости с разными скоростями и по разным траекториям, что создаёт условия для их разделения.

Степень отклонения формы кусков горных пород от шарообразной можно оценить при помощи критерия «неправильности» (коэффициента формы $K_Ф$). Этот критерий в соответствии с [4] можно установить по одной из двух методик. Первая из них определяет коэффициент формы, как отношение площадей вписанной в образец породы и описанной вокруг него сфер. Если при этом D_i - диаметр меньшей из них, а D_e - большей, то соответствующие площади равны $A_i = \pi \cdot D_i^2$ и $A_e = \pi \cdot D_e^2$. Следовательно, $K_Ф = A_i / A_e = D_i^2 / D_e^2$. Таким образом, по первой методике коэффициент формы определяется как отношение квадратов диаметров вписанной и описанной вокруг куска горной породы сфер. Во второй методике используется два линейных размера. Для определения критерия «неправильности» измеряются поперечное и продольное распространение контура образца в прямоугольном шаблоне и коэффициент формы рассчитывается как отношение поперечного линейного размера (H) (D) к продольному: $K_Ф = H / D$.

Часто для описания формы куска недостаточно двух измерений. Поэтому используются критерии, основанные на соотношении размеров кусков по трем взаимно перпендикулярным направлениям. Такими величинами являются: наибольший размер – длина D, средний размер – ширина S и наименьший размер – толщина H. Для возможности сопоставления данных о кусках разной крупности принято длину и толщину выражать в относительных величинах (относительно ширины): D/S и H/S. Эти отношения называются относительными длиной и толщиной, их принято считать численной характеристикой формы куска. В зависимости от их значения обычно подразделяют куски горной массы на шесть типовых форм [5]:

1) кубообразная $D/S = 1 \div 1{,}3$, $H/S = 0{,}7 \div 1$;

2) плитчатая $D/S = 1 \div 1{,}3$, $H/S = 0{,}3 \div 0{,}7$;

3) пластинчатая $D/S = 1 \div 1{,}3$, $H/S < 0{,}3$;

4) столбчатая $D/S > 1{,}3$, $H/S = 0{,}7 \div 1$;

5) удлиненно-плитчатая $D/S > 1{,}3$, $H/S = 0{,}3 \div 0{,}7$;

6) удлиненно-пластинчатая $D/S > 1{,}3$, $H/S < 0{,}3$.

Обобщая приведенную классификацию, можно остановиться на трех вариантах: кубообразная (правильная) форма (1, 2), столбчатая (4) и плитчатая (3, 5, 6).

Прогнозирование результатов предварительного обогащения и выбор рациональных параметров устройства возможно осуществить с помощью моделирования рассматриваемого процесса. Большинство исследователей пользуются методами такого моделирования на основе уравнений движения частицы обогащаемого материала по шероховатой наклонной плоскости, составленных с помощью основного закона динамики точки (второго закона Ньютона). Использование точечной механической модели характерно и для определения механических характеристик частиц, составляющих стандартную методику исследований [6].

1.2. РЕЖИМЫ ДВИЖЕНИЯ ЧАСТИЦ ПО НАКЛОННОЙ ПЛОСКОСТИ

Практика обогащения угля и гранатов, а также асбестовых руд показывает, что в зависимости от угла наклона фрикционного лотка возможно не только скольжение частиц по наклонной плоскости, но и их перекатывание что, несомненно, влияет на эффективность процесса разделения.

Математическое описание движения частицы по наклонной плоскости целесообразно вести с помощью принципа Д'Аламбера [7], предполагающего использование уравнений статики для решения задач динамики. Таким образом, уравнения движения частицы следуют из уравнений кинетостатики, составленных для расчетной схемы, показанной на рис. 1.1. Уравнения составлены в виде двух проекций на оси изображенной на рисунке системы координат и одного уравнения моментов относительно центра О:

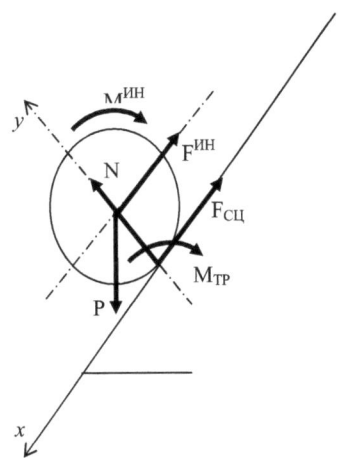

Рис. 1.1. Расчетная схема движения
по наклонной плоскости

$$\begin{cases} P\sin\alpha - F^{\text{ИН}} - F_{\text{СЦ}} = 0, \\ N - P\cos\alpha = 0, \\ F_{\text{СЦ}} \cdot R - M^{\text{ИН}} - M_{\text{ТР}} = 0, \end{cases}$$

$$1.1$$

где P – сила тяжести частицы, $F^{ИН}$ и $M^{ИН}$ – главный вектор и главный момент сил инерции, $\mathbf{F}_{СЦ}$ – сила сцепления частицы с плоскостью, $M_{ТР}$ – момент сил трения, R – средний радиус частицы. Главный вектор и главный момент инерции связаны с кинематическими характеристиками движения: $F^{ИН} = ma$, $М^{ИН} = J_z\varepsilon$, где m – масса частицы, a – ускорение ее центра масс, J_z - момент инерции частицы относительно оси, перпендикулярной плоскости движения, ε - угловое ускорение частицы. В случае предельного равновесия $a = 0$, $\varepsilon = 0$, $M_{ТР} = \delta N$, где δ - коэффициент трения качения, поэтому из системы уравнений (1.1) получаем предельное значение угла α, соответствующее началу качения частицы

$$\alpha_К = arctg\frac{\delta}{R}:$$

1.2

для $\alpha < \alpha_К$ частица находится в равновесии, для $\alpha > \alpha_К$ катится по наклонной плоскости. Если при этом скольжение отсутствует, то $a = \varepsilon R$, система уравнений (1.1) позволяет выразить величину силы сцепления в виде

$$F_{СЦ} = \frac{J_z \sin\alpha + mR\delta\cos\alpha}{J_z + mR^2} \cdot mg.$$

1.3

Условие отсутствия проскальзывания выражается неравенством

$$F_{СЦ} \leq fN.$$

1.4

Где f – коэффициент трения скольжения, откуда получаем предельное значение угла, при котором отсутствует проскальзывание

$$\alpha_O = arctg\frac{1}{J}[f(J + mR^2) - mR\delta]:$$

1.5

для $\alpha_K < \alpha < \alpha_O$ частица катится по плоскости без скольжения, для $\alpha > \alpha_O$ — скользит и катится по наклонной плоскости.

В частности, для шарообразной частицы осевой момент инерции $J_z = \frac{2}{5}mR^2$, поэтому

$$\alpha_O = arctg(3{,}5f - 2{,}5\delta R^{-1}).$$

1.6

8

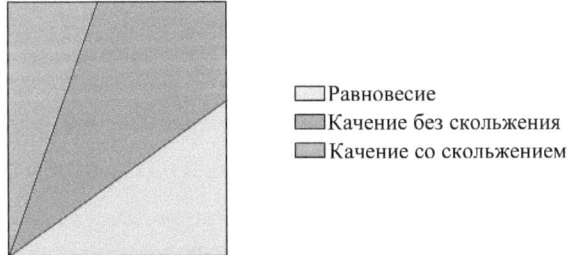

Равновесие

Качение без скольжения

Качение со скольжением

Рис. 1.2. Режимы движения частицы по наклонной плоскости

Для примера вычислим значения указанных углов при $f = 0{,}42$, $\delta = 1{,}6$ мм, $R = 10$ мм. Получим $\alpha_K = arctg\, 0{,}16 = 9^0$,

$$\alpha_0 = arctg\,(3{,}5 \cdot 0{,}42 - 2{,}5 \cdot 0{,}16) = arctg\, 0{,}62 = 46{,}9^0.$$

Таким образом, возможны следующие режимы движения частицы в зависимости от угла наклона плоскости (рис. 1.2):

при $\alpha < \alpha_{\text{к}}$ частица находится в равновесии на наклонной плоскости;

при $\alpha_{\text{к}} < \alpha < \alpha_O$ частица катится по плоскости без скольжения;

при $\alpha > \alpha_O$ - частица катится по плоскости со скольжением.

1.3. ОПРЕДЕЛЕНИЕ ВЕЛИЧИНЫ СКОРОСТИ ЧАСТИЦЫ НА ВЫХОДЕ С НАКЛОННОЙ ПЛОСКОСТИ

Первым, едва ли не самым важным элементом фрикционного сепаратора является узел стратификации в виде наклонной плоскости. Для эффективной работы узла стратификации обязательными являются два условия: создание потока материала толщиной в одну частицу; обеспечение достаточного расстояния между движущимися частицами. Различия в форме частиц оказывают немаловажное значение в обеспечении второго условия.

Частицы *плитчатой* формы перемещаются по наклонной плоскости исключительно скольжением, поэтому при их движении работу совершают лишь сила тяжести и сила трения скольжения. Учитывая, что при этом, как правило, наблюдается поступательное движение частицы, ее скорость в конце наклонной плоскости можно определить по теореме об изменении кинетической энергии [7]

$$\frac{mV^2}{2} - \frac{mV_0^2}{2} = A(P) - A(F_{TP}),$$
1.7

где $\frac{mV_0^2}{2}, \frac{mV^2}{2}$ - кинетическая энергия частицы в начале и в конце наклонной плоскости, $A(P) = mgl\sin\alpha$ - работа силы тяжести, m – масса частицы, l, α – длина наклонной плоскости и угол ее наклона, $A(F_{TP}) = fmgl\cos\alpha$ - работа силы трения.

Из уравнения (1.7) получаем значение конечной скорости в виде:

$$V = \sqrt{2gl(\sin\alpha - f\cos\alpha) + V_0^2},$$
1.8

Движение частицы *столбчатой* формы зависит от ее ориентации в момент начала движения вдоль полки. За счет момента трения верчения частица за короткий срок стремится занять энергетически рациональное расположение и выходит на режим качения, совершая плоскопараллельное движение.

Приведем вывод выражения для скорости частицы в конце наклонной плоскости при плоскопараллельном движении. Для этого также применяем теорему об изменении кинетической энергии [7]:

$$T - T_0 = \sum A , \qquad (1.9)$$

где T, T_0 – кинетическая энергия в конце и в начале участка, соответственно; $\sum A$ – сумма работ приложенных к частице сил.

Кинетическая энергия при плоскопараллельном движении

$$T = 0{,}5(mV^2 + J_z \omega^2) ,$$

где m - масса частицы, кг; J_z - ее момент инерции относительно продольной оси, кг·м^2.

При этом для качения без скольжения $\omega = 2V/H$, а момент инерции относительно продольной оси возможно приближенно представить в виде $J = 0{,}125 m H^2$ по формуле для однородного цилиндра. Следовательно, кинетическая энергия $T = 0{,}75 m V^2$.

Работу при качении частицы по наклонной плоскости совершают сила тяжести и момент сил трения качения, поэтому

$$\sum A = m g l \sin\alpha - 2\delta m g \cos\alpha / H .$$

Подставляя записанные выражения в уравнение (1.9), получим выражение для скорости в виде:

$$V = \sqrt{\frac{4}{3} g l \left(\sin\alpha - \frac{2\delta}{H}\cos\alpha\right) + V_0^2} , \qquad (1.10)$$

Для частиц *кубообразной* формы возможно несколько режимов движения в зависимости от угла наклона полки:

1) Скорость чистого скольжения частицы по наклонной плоскости, как и для плитчатой частицы, определяется по формуле (1.8).

2) Качение без проскальзывания происходит при условии $\alpha_к < \alpha < \alpha_O$.

Скорость частицы в конце полки также можно определить по теореме об изменении кинетической энергии с небольшой корректировкой формулы (1.10). Дело в том, что кубообразную частицу нельзя приближать формой неправильного цилиндра, а потому ее момент инерции удобнее определять для правильного геометрического тела, близкого по форме к шару, для которого $J_z = 0,1\,m\,D^2$. Кинетическая энергия в этом случае $T = 0,7\,m\,V^2$, работа действующих сил также связана с величиной D:

$$\sum A = m\,g\,l\sin\alpha - 2\delta\,m\,g\cos\alpha\,/\,D.$$

Таким образом,

$$V = \sqrt{\frac{10}{7}\,g\,l\,(\sin\alpha - \frac{2\delta}{D}\cos\alpha) + V_0^2}\,, \qquad (1.11)$$

Учитывая, что при движении без скольжения $F_{TP} < f\,N$, из уравнений плоскопараллельного движения можно получить соотношение между коэффициентами трения в виде:

$$\mathrm{tg}\alpha + 4\delta\,/\,D < 3f\,, \qquad (1.12)$$

3) Качение частицы по наклонной плоскости со скольжением происходит при условии, что $\alpha_o < \alpha < \alpha_{CK}$.

Поскольку при этом скорость центра тяжести частицы не зависит от ее угловой скорости, то уравнение движения возможно описать по теореме о движении центра масс [7] в виде:

$$m\,a_C = m\,g\sin\alpha - F_{TP}, \text{ где } F_{TP} = f\,N = f\,m\,g\cos\alpha.$$

Отсюда видно, что ускорение, а значит и скорость частицы не зависят от величины коэффициента трения качения. А это, в свою очередь, означает, что скорость частицы в конце наклонной плоскости также может быть определена, как и при чистом скольжении, то есть по формуле (1.8).

Начальная скорость V_0 во всех полученных формулах может быть получена на основании анализа удара частицы о наклонную плоскость. Так, если загрузка обогащаемого материала происходит с высоты h, то в момент соприкосновения с плоскостью полки скорость частицы $U = \sqrt{2gh}$ (обозначение для скорости U принято нестандартно только для того, чтобы не связывать эту величину с приведенными ранее скоростями).

В соответствии с основным уравнением теории удара (теоремой об изменении количества движения) [8] запишем векторное уравнение:

$$m\vec{V}_0 - m\vec{U} = \vec{S}_N + \vec{S}_{TP},$$

где $\vec{S}_N$ и $\vec{S}_{TP}$ - составляющие ударного импульса, в проекциях на оси прямоугольной системы координат xy (рис. 1.3):

$$\begin{cases} mV_0 - mU\sin\alpha = -S_{TP}, \\ mU\cos\alpha = S_N. \end{cases} \qquad (1.13)$$

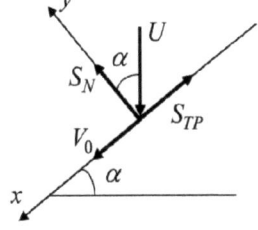

Pł

Рис. 1.3. Вектора, определяющие удар частицы о наклонную плоскость

Решая полученную систему алгебраических уравнений и используя гипотезу Рауса [8] $S_{TP} = fS_N$, получим значение скорости в начале движения по наклонной плоскости

$$V_0 = \sqrt{2gh}\,(\sin\alpha - f\cos\alpha), \qquad (1.14)$$

Таким образом, совокупность формул (1.8), (1.10), (1.11), (1.14) может служить основой для расчетов движения рудных частиц различной формы вдоль наклонной плоскости, чтобы определить их скорость V в конце фрикционной полки.

13

2. МОДЕЛИРОВАНИЕ ДВИЖЕНИЯ ЧАСТИЦ В НЕПОДВИЖНОМ И ЦИРКУЛИРУЮЩЕМ ПОТОКЕ ВОЗДУХА

2.1. СВОБОДНОЕ ПАДЕНИЕ ЧАСТИЦ ГОРНЫХ ПОРОД В ПРОСТРАНСТВЕ РАЗДЕЛИТЕЛЬНОГО АППАРАТА

Любой аппарат для сухого обогащения твердых полезных ископаемых содержит несколько зон разделения, в которых на основе различных принципов происходит классификация горных пород. Так например, разделение асбеста, слюды и зерен пустой породы основано на различии в скоростях витания и осуществляется пересечением частиц горной массы под определенным углом равномерно (или неравномерно) распределенного потока воздуха. Скорость витания зависит от физических свойств транспортируемых продуктов, их плотности, состояния поверхности (гладкая, рваная), размеров, формы и петрографического состава частиц, образования вихреобразных воздушных потоков в зоне разделения взаимного трения и столкновения частиц между собой и со стенками аппарата, неравномерности распределения скоростей воздушных потоков в камере и т.д. [9].

Процесс классификации можно представить как чередование различных этапов движения частиц горных пород: свободное падение, перемещение потоком воздуха, движение по наклонной плоскости, удар и пр., каждый из которых вносит свой собственный вклад в распределение твердых частиц на выходе из обогатительного аппарата.

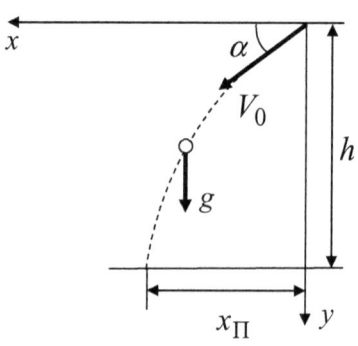

Рис.2.1 Схема свободного полета частицы

Если наклонная плоскость создает предпосылки для рассеяния спектра скоростей в зависимости от фрикционного взаимодействия горных пород с поверхностью узла стратификации, то движение частиц в воздушном потоке усиливает разделение на основании различий, возникающих при обтекании частиц разной формы и размеров.

Пренебрегая сопротивлением движению, свободное движение частицы горной породы можно описать формулами кинематики точки в гравитационном поле. Траектория точки при этом остается плоской [7], поэтому в проекциях на горизонтальную и вертикальную оси координат x и y (рис. 2.1) получим

$$\begin{cases} x = x_0 + V_{0x}t, \\ y = y_0 + V_{0y}t + \dfrac{1}{2}gt^2, \end{cases} \tag{2.1.}$$

где x_0, y_0 - начальные координаты точки, V_{0x}, V_{0y} - проекции начальной скорости, g – ускорение свободного падения, $g = 9{,}8$ м/с^2, t – текущее время. Траекторией движения является парабола, уравнение которой получается из системы (2.1) после исключения параметра t. Если начальная точка свободного полета на величину h выше точки приземления, то, полагая $x_0 = y_0 = 0$, найдем время падения из второго уравнения системы (2.1) в виде

$$t_\Pi = (\sqrt{V_{0y}^2 + 2gh} - V_{0y})g^{-1}, \tag{2.2.}$$

а горизонтальную дальность – из первого уравнения

$$x_\Pi = V_{0x}t_\Pi. \tag{2.3.}$$

Например, если наклонная плоскость с углом наклона $\alpha = 30^0$ заканчивается на высоте $h = 1$м от плоскости падения, то при различных скоростях вылета частицы с наклонной плоскости будет различное время падения и различные значения горизонтальной дальности (табл 1)

Табл. 1
Время и горизонтальная дальность падения
при различных скоростях вылета частицы

Начальная скорость, м/с	3	4	5	6	7
Время падения, с	0,32	0,29	0,26	0,24	0,22
Дальность падения, м	0,84	1,01	1,16	1,25	1,34

Анализ результатов показывает, что различия в скоростях вылета частиц с наклонной плоскости, вызванные фрикционными различиями частиц, создают возможность разделения горных пород по трению. Расчеты по приведенным формулам позволяют установить зону разброса материала по плоскости падения в зависимости от требуемых фрикционных свойств.

Следует отметить также, что при фрикционном обогащении свободное падение частиц может сопровождаться их вращением вокруг оси, перпендикулярной плоскости движения. Это вызвано тем, что при движении частиц по наклонной плоскости они приобретают не только линейную скорость вылета с наклонной плоскости, но и угловую скорость вращения.

2.2. МАТЕМАТИЧЕСКОЕ ОПИСАНИЕ ДВИЖЕНИЯ РУДНЫХ ЧАСТИЦ В ВОЗДУШНОМ ПОТОКЕ РАЗДЕЛИТЕЛЬНЫХ АППАРАТОВ

На рис. 2.2 представлены возможные варианты воздействия воздушного потока на частицу.

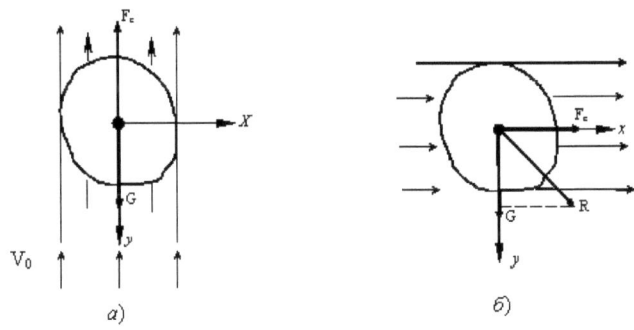

Рис. 2.2. Схема действия сил на частицу:
а) в восходящем потоке воздуха; б) в горизонтальном потоке воздуха.

Если частица движется в неподвижной воздушной среде (рис. 2.2.a), то на нее действует сила тяжести (G) и сила сопротивления воздуха (F_C). Принимая линейную зависимость силы сопротивления от скорости движения частицы (согласно закону Стокса), векторно силу сопротивления можно представить в виде

$$\vec{F}_C = -\mu\vec{V},\qquad(2.4.$$

, где μ - коэффициент пропорциональности, $\vec{V}$ - вектор скорости частицы. При этом масса шарообразной частицы

$$m = \rho_ч\,\frac{\pi d^3}{6},\qquad(2.5.$$

, где $\rho_ч$ - плотность материала частицы, d - её диаметр. Коэффициент пропорциональности в выражении силы сопротивления можно выразить по формуле [10]

$$\mu = 3\pi\psi_B\rho_B d,\qquad(2.6.$$

17

μ, где ψ_B - кинематический коэффициент вязкости воздуха, ρ_B - его плотность. В частности, при нормальной температуре и атмосферном давлении $\psi_B = 14{,}9 \cdot 10^{-6}$ (м²/с), $\rho_B = 1{,}22$ (кг/м³), поэтому $\mu = 1.71 \cdot 10^{-4} d$ (кг/с).

Движение частицы в неподвижной воздушной среде под действием указанных сил в декартовых координатах описывается системой дифференциальных уравнений:

$$\begin{cases} m\ddot{x} = -\mu\dot{x}, \\ m\ddot{y} = G - \mu\dot{y}. \end{cases} \tag{2.7.}$$

(ось x - горизонтальна, y - направлена вертикально вниз, рис. 2.2).

Первое уравнение интегрируем методом разделения переменных: $\dfrac{d\dot{x}}{dt} = -\mu\dot{x}$, следовательно, $\int \dfrac{d\dot{x}}{\dot{x}} = -\mu \int dt$. Интегрируя функции в левой и правой части полученного равенства, получим: $\ln \dot{x} = C_1 t$, где C_1 - константа интегрирования, определяемая из начальных условий на проекцию скорости: $\dot{x} = V_{0x}$ при $t = 0$. Если при этом частица в начальный момент времени имела скорость $V_ч$ и составляла угол β с осью x, то $V_{0x} = V_ч \cos\beta$, откуда

$$\dot{x} = V_ч \cos\beta \cdot e^{-\frac{\mu t}{m}}. \tag{2.8.}$$

Данное уравнение также интегрируем методом разделения переменных. После интегрирования получаем выражение $x = V_{0x}\left(\dfrac{m}{\mu}\right)e^{-\frac{\mu t}{m}} + C_2$, где C_2 - константа интегрирования, определяемая из начальных условий на координату: $x = x_0$ при $t = 0$. После подстановки начальных условий получаем значение произвольной постоянной и устанавливаем, что абсцисса частицы меняется согласно зависимости:

$$x = x_0 + \left(\frac{m}{\mu}\right)V_ч \cos\beta \cdot (1 - e^{-\frac{\mu t}{m}}). \tag{2.9.}$$

Для упрощений расчетов можно определить величины коэффициентов, входящих в полученные зависимости, в соответствии с приведенными выше значениями параметров $\dfrac{\mu}{m} = 3{,}26 \cdot 10^{-4} \, d^{-2} \rho_{\text{ч}}^{-1} = 3062 \rho_{\text{ч}} d^2$.

Аналогично приведенным вычислениям проводим интегрирование второго уравнения системы (2.7): . Далее делим переменные и интегрируем:

$$-\frac{\mu}{m} \ln\!\left(g - \frac{\mu}{m} \dot{y} \right) = t + C_3,$$ где C_3 - константа интегрирования, определяемая

из начальных условий на проекцию скорости: $V_{0y} = V_{\text{ч}} \sin\beta$ при t=0. Отсюда

$$\dot{y} = \frac{m}{\mu} g \left(1 - e^{-\frac{\mu t}{m}} \right) + V_{\text{ч}} \sin\beta \cdot e^{-\frac{\mu t}{m}}. \qquad (2.10.$$

Разделяя переменные, интегрируем уравнение (2.10) и получаем результат:

$$y = \frac{m}{\mu} g t - \left(\frac{m}{\mu} \right)^2 g e^{-\frac{\mu t}{m}} - \frac{m}{\mu} V_{\text{ч}} \sin\beta e^{-\frac{\mu t}{m}} + C_4$$

где C_4 - константа интегрирования, определяемая из начальных условий на координату: $y = y_0$ при t=0. Таким образом,

$$y = y_0 + \frac{m}{\mu} g t + \frac{m}{\mu} \left(V_{\text{ч}} \sin\beta - \frac{m}{\mu} g \right) \left(1 - e^{-\frac{\mu t}{m}} \right), \qquad (2.11.$$

что при отсутствии слагаемого, содержащего mg, совершенно аналогично выражению (2.9).

В случае если воздушная среда движется горизонтально с постоянной линейной скоростью $U = \text{const}$, сила сопротивления зависит от относительной скорости частицы $\vec{V}_r = \vec{V} - \vec{U}$, а ее проекция на ось x равна $F_{Cx} = -\mu(\dot{x} - U)$. Первое уравнение системы (2.7) будет содержать уже переносную скорость U:

$$\ddot{x} = -\mu \dot{x} + \mu U. \qquad (2.12.$$

и становится линейным неоднородным. Его общее решение складывается из решения однородной сго части и частного решения неоднородного уравнения .

Таким образом, решение уравнения имеет вид $x = C_5 e^{-\frac{\mu t}{m}} + C_6 + Ut$, в котором C_5 и C_6 – произвольные постоянные, определяемые из начальных условий. Следовательно, если частица движется в потоке воздуха, движущемся с постоянной горизонтальной скоростью U, то ее абсцисса изменяется в соответствии с зависимостью

$$x = x_0 + \frac{m}{\mu}\left(V_ч \cos\beta - U\right)\left(1 - e^{-\frac{\mu t}{m}}\right) + Ut. \qquad (2.13.$$

В этом случае траекторией движения частицы является линия, параметрические уравнения которой определяются уравнениями (2.13) и (2.11).

2.3. МАТЕМАТИЧЕСКОЕ МОДЕЛИРОВАНИЕ ДВИЖЕНИЯ ЧАСТИЦЫ В ПОТОКЕ ВОЗДУХА, ЦИРКУЛИРУЮЩЕМ ВОКРУГ ВРАЩАЮЩЕГОСЯ БАРАБАНА

Для обогащения руд цветных, черных металлов и неметаллических полезных ископаемых применяются барабанные сепараторы. Барабанный сепаратор представляет собой вращающийся барабан с сеткой или без сетки в зависимости от способа разделения. В сеточных барабанах, где материал разделяется по крупности, частицы горных пород просеиваются сквозь решетку барабана, Твердые полезные ископаемые с различными упругими характеристиками в барабанных сепараторах разделяют и по упругим свойствам. Благодаря вращающемуся барабану происходит разделение частиц с различными коэффициентами восстановления при ударе. Оба варианта предполагают перед сепарацией движение частиц в циркулирующем вокруг барабана потоке воздуха.

Полагая движение воздуха вокруг вращающегося барабана ламинарным, т.е. пренебрегая возникновением мелких пульсирующих вихрей, примем движение потока слоистым по концентрическим окружностям с центром на оси вращения барабана. Сила сопротивления движению частицы при этом подчиняется закону Стокса, описанному выше

$$\vec{F}_C = -\mu \vec{V}_r,$$

(2.14.

Где $\vec{V}_r$ - вектор скорости частицы относительно потока воздуха. Скорость потока при удалении от поверхности барабана убывает по экспоненциальному закону [11], а у поверхности барабана равна скорости точек поверхности.

$$V_e = \varpi \cdot R \cdot e^{-\nu(r-R)},$$

(2.15.

где ν - коэффициент
затухания скорости
потока; r - расстояние
частицы до центра
вращающегося
барабана, ω – угловая
скорость вращения
барабана, R – его

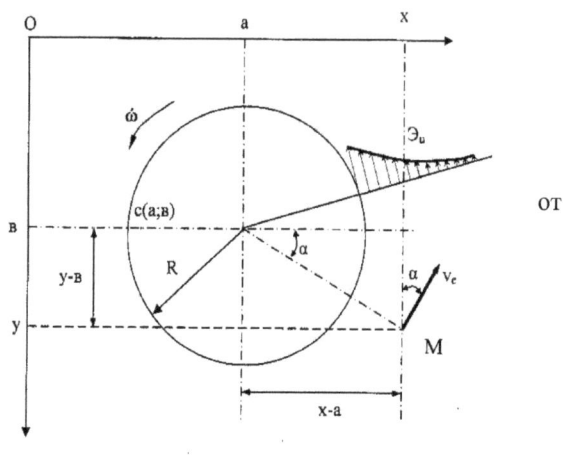

от

радиус, ν – коэффициент затухания, . Если при этом центр барабана имеет
координаты (a, b) а частица – координаты (x, y), то

$$r = \sqrt{(x-a)^2 + (y-b)^2} .$$ (2.16.

Обозначим через γ - угол, определяющий положение подвижной частицы
M в сопутствующей системе координат. Тогда
Тогда

$$\sin \gamma = \frac{x-a}{r}, \cos \gamma = \frac{y-b}{r},$$ (2.17.

поэтому переносная скорость потока в точке M имеет следующие проекции:

$$\begin{cases} V_{ex} = V_e \cos \gamma = \dfrac{V_e(y-b)}{r}, \\ V_{ey} = V_e \sin \gamma = \dfrac{V_e(x-a)}{r}. \end{cases}$$ (2.18.

Уравнение движения частицы получаем с учетом силы сопротивления из
второго закона Ньютона

$$m \cdot \vec{a}_M = \vec{G} + \vec{F}_C,$$ (2.19.

22

причем сила сопротивления, определяемая равенством (2.19), содержит относительную скорость частицы

$$\overrightarrow{V_r} = \overrightarrow{V} - \overrightarrow{V_e},$$

где $V = (\dot{x}, \dot{y})$ - абсолютная скорость частицы. Уравнение (2.19) в проекциях на оси координат имеет вид

$$
\begin{aligned}
m\ddot{x} &= -\mu(\dot{x} - V_{ex}), \\
m\ddot{y} &= mg - \mu(\dot{y} - V_{ey}).
\end{aligned}
\qquad (2.20.
$$

Таким образом, после подстановок (2.15) и (2.18) получим систему дифференциальных уравнений:

$$
\begin{aligned}
\ddot{x} &= -\frac{\mu \cdot \dot{x}}{m} + \frac{\mu \cdot \omega \cdot R \cdot (y-b)}{m \cdot \sqrt{(x-a)^2 + (y-b)^2}} \cdot \exp[-\nu \cdot \sqrt{(x-a)^2 + (y-b)^2} - R], \\
\ddot{y} &= g - \frac{\mu \cdot \dot{y}}{m} - \frac{\mu \cdot \omega \cdot R \cdot (x-a)}{m \cdot \sqrt{(x-a)^2 + (y-b)^2}} \cdot \exp[-\nu \cdot \sqrt{(x-a)^2 + (y-b)^2} - R],
\end{aligned}
\qquad (2.21.
$$

Уравнения (2.21) не удается проинтегрировать аналитически, поэтому математическое моделирование движения частиц горных пород во вращающемся потоке воздуха необходимо производить численными методами, например, методом Рунге-Кутта [12]

.3. МАТЕМАТИЧЕСКОЕ МОДЕЛИРОВАНИЕ УДАРНО-ФРИКЦИОННОГО ВЗАИМОДЕЙСТВИЯ

3.1. ОПИСАНИЕ УДАРА ЧАСТИЦЫ О НАКЛОННУЮ ПЛОСКОСТЬ

При ударе частицы об упругую шероховатую плоскость происходит изменение величины и направления скорости частицы из-за ударного и фрикционного воздействия. Частицы с разными коэффициентами

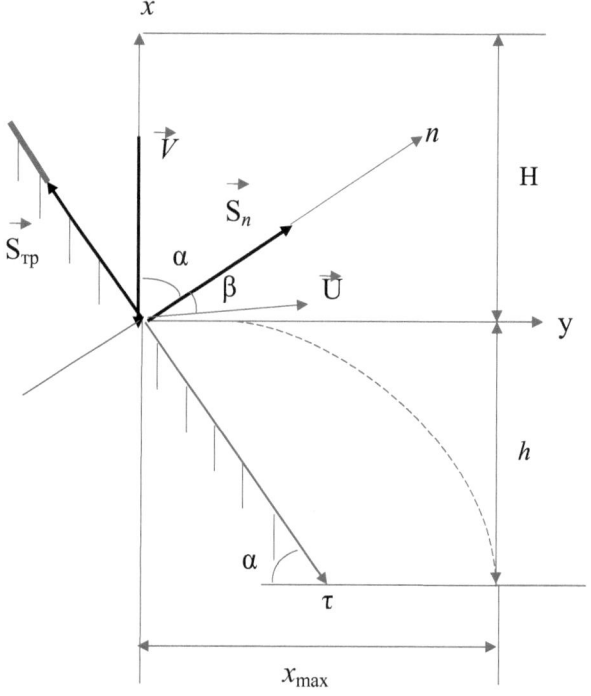

Рис. 3.1. Схема удара частицы о наклонную плоскость

восстановления при ударе и трения имеют различные величины и направления скорости после удара, поэтому коэффициенты восстановления при ударе и трение могут служить разделительными признаками [13].

На рис. 3.1 изображена схема взаимодействия частицы с наклонной плоскостью при ударе. Здесь V и U – скорости частицы перед ударом и после удара, S_N и S_{TP} – импульсы нормальной реакции и трения. Если частицы падают на наклонную плоскость вертикально, то угол падения частицы α (с нормалью к плоскости) равен углу наклона плоскости (см. рис. 3.1). Основное уравнение динамики при ударе [8] записываем в проекциях на касательную (τ) и нормаль (n):

$$\begin{cases} mU \sin \beta - mV \sin \alpha = -S_{TP}, \\ mU \cos \beta + mV \cos \alpha = S_N. \end{cases} \qquad (3.1)$$

При этом, согласно гипотезе Рауса

$$S_{TP} = fS_N, \qquad (3.2)$$

Где f – коэффициент трения скольжения. Кроме того, из определения коэффициента восстановления ударе [8] следует, что

$$U \cos \beta = kV \cos \alpha \qquad (3.3)$$

Решая систему уравнений (3.1) – (3.3), получим

$$\beta = \operatorname{arctg} \left[\frac{1}{k}(\operatorname{tg} \alpha - f) - f \right],$$

$$U = \frac{V}{\sin \beta} \left[\sin \alpha - f(1+k)\cos \alpha \right] \qquad (3.4)$$

Дальнейшее движение частицы после отражения, пренебрегая сопротивлением воздуха, полагаем свободным падением. В системе координат xy (см. рис. 3.1) уравнения свободного падения имеют вид

$$\begin{cases} x = Ut\sin(\alpha + \beta), \\ y = \dfrac{1}{2}gt^2 - Ut\cos(\alpha + \beta). \end{cases}$$

(3.5)

Частица упадет на горизонтальную плоскость при $y = h$, поэтому для определения времени падения имеем квадратное уравнение

$$\frac{1}{2}gt^2 - Ut\cos(\alpha + \beta) - h = 0,$$

(3.6)

Откуда

$$t_{\text{п}} = \frac{Uc\cos(\alpha + \beta) + \sqrt{U^2\cos^2(\alpha + \beta) + 2gh}}{g}.$$

(3.7)

Подставляя время падения в первое уравнение системы (3.5), получим дальность полета частицы

$$x_{\max} = Ut_{\text{п}}\sin(\alpha + \beta).$$

(3.8)

В работе [3] приведены некоторые значения коэффициентов восстановления и трения, полученные экспериментально. В частности, для изверженных пород $k_{\text{и}} = 0{,}52$, $f_{\text{и}} = 0{,}16$, а для сланцев $k_{\text{C}} = 0{,}32$, $f_{\text{C}} = 0{,}27$. Произведем вычисления по формулам (4), (5), (7). (8) для данных значений коэффициентов. Для сравнения результатов расчетов с экспериментальными данными используем представленные в выборке [3, с.27] значения: высота, с которой бросают частицы $H = 0{,}5$ м, угол наклона разделительной плоскости $\alpha = 35^0$.

Получим в обоих случаях $V = \sqrt{2gH} = 3{,}13$ м/с. Далее проводим расчеты для каждого материала в отдельности. Для изверженных пород k=0,52, f=0,16. Тогда по первой формуле (4) $\beta = 41{,}3^0$, а по второй – $U = 1{,}77$ м/с. Время падения после удара находим по формуле (7): $t_п = 0{,}29$ с. Следовательно, из соотношения (8) получаем $x_{max} = 0{,}50$ м. Аналогично проводим расчеты для сланцев, у которых k=0,32; f=0,27: $\beta = 47{,}1^0$; $U = 1{,}20$ м/с; $t_п = 0{,}26$ с; $x_{max} = 0{,}31$ м.

Следовательно, разница между абсциссами точек падения изверженных пород и сланцев составит 0,19м.

. На рис.3.2 изображены зависимости расстояния отражения частиц, полученные по результатам расчетов.

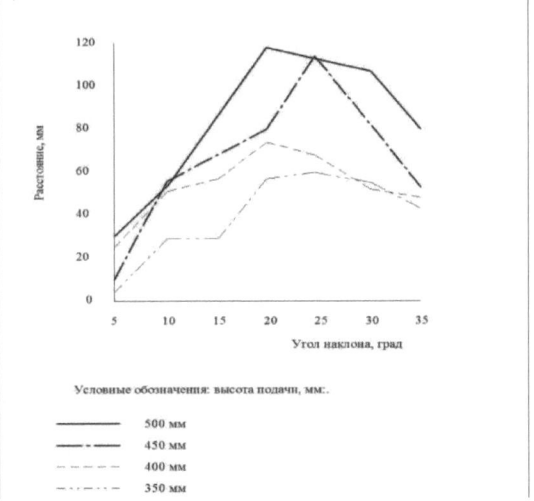

Рис. 3.2. Зависимость расстояния отражения породных
частиц от высоты подачи и угла наклона плоскости

Как и следовало ожидать, расстояние x_{MAX} растет с увеличением высоты H и угла $\acute{a}$.

3.2. МАТЕМАТИЧЕСКОЕ МОДЕЛИРОВАНИЕ БАРАБАННО-ПОЛОЧНОГО ФРИКЦИОННОГО СЕПАРАТОРА

Барабанно-полочный фрикционный сепаратор, схема работы которого показана на рис. 3.3, состоит из шероховатой полки 1, криволинейного трамплина 2 и вращающегося в воздушном пространстве барабана 3. Он представляет собой совокупность нескольких механических устройств, каждое из которых предназначено для разделения частиц обогащаемого материала по различным признакам [13].

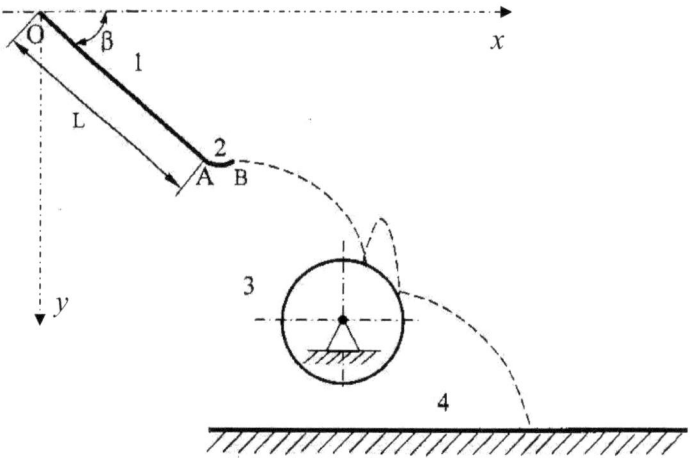

Рис. 3.3. Схема движения частицы в барабанно-полочном фрикционном сепараторе

Наклонная плоскость (полка *1*) подготавливает к разделению частицы с различными коэффициентами трения. Чем меньше коэффициент трения частицы о плоскость, тем выше скорость частицы на выходе с плоскости. Таким образом, несмотря на то, что на выходе с плоскости направления скоростей всех частиц одинаковы, тем не менее, модули скоростей различны и, следовательно, создаются предпосылки для последующего разделения частиц с различным содержанием полезных компонентов (а, значит, и с различными коэффициентами трения). Наклон плоскости должен обеспечивать движение частиц без остановки в середине пути, это накладывает определенные ограничения на угол β: для всего спектра коэффициентов трения этот угол должен быть не менее соответствующих значений углов трения. Значит, угол наклона полки должен быть больше самого большого из возможных значений углов трения для частиц обогащаемого материала с различным содержанием полезного компонента. В силу этого угол β должен иметь довольно большое значение и, если частица после окончания плоскости выйдет на участок свободного полета с малой скоростью, то полет этот начнется по относительно отвесной траектории, что при больших сопротивлениях воздуха приведет к движению по вертикали. Таким образом, наклонная плоскость должна заканчиваться трамплином в виде криволинейного участка поверхности для изменения направления скорости частицы.

Криволинейный трамплин *2* можно считать вторым этапом подготовки частиц с различными коэффициентами трения к разделению. Сила трения на этом участке меняется в зависимости от места нахождения частицы, т.к. в различных точках вогнутой траектории нормальное давление частицы на криволинейную поверхность различное. Поэтому, если на первом этапе движение равноускоренное, то на втором подчиняется довольно сложному закону. Падение скорости на криволинейном участке, следовательно, нелинейно зависит от трения. В результате, при выходе частиц на участок свободного полета они имеют существенно различные скорости, а вылет частиц происходит по настильным траекториям. Таким образом, образуется веер разделения, благодаря которому возможно формирование продуктов частиц с различным содержанием полезного компонента.

Для частиц средней части веера разделения в барабанно-полочном сепараторе предусмотрена еще одна стадия разделения. Для этого установлен вращающийся барабан *3*, благодаря которому происходит разделение частиц с различными коэффициентами восстановления при ударе. Поскольку поверхность вращающегося барабана не является абсолютно гладкой, то в точке контакта на частицу кроме нормальной реакции действует еще и сила трения, направленная в сторону, противоположную относительной скорости частицы. В зависимости от направления этой силы отскок частицы может происходить как в сторону вращения барабана, так и в противоположную сторону.

Существенное влияние на процесс разделения оказывает и поток воздуха, циркулирующий вокруг вращающегося барабана. Полагаем при этом, что скорость циркуляции потока убывает по мере удаления от поверхности барабана, а на поверхности барабана имеет скорость, близкую к скорости самой этой поверхности.

Процесс движения каждой частицы возможно описать математической моделью, включающей уравнения движения на каждом этапе разделения и дифференциальные уравнения движения частицы в циркулирующем потоке воздуха.

Для единообразия описания движения частицы на каждом этапе введем общую для всех элементов механической системы систему координат xOy, начало которой разместим в начале наклонной плоскости, ось «x» направим горизонтально, а ось «y» - вертикально вниз (рис.3.2). Движение частицы начинается вдоль плоскости длиной L, наклоненной под углом β к оси x. Уравнения, определяющие скорость движения частицы на выходе с шероховатой наклонной плоскости, приведены в разделе 1.3. Следующий участок (криволинейный трамплин AB) будем приближенно считать дугой окружности радиуса R_1 с центральным углом γ (рис. 3.4).

Коэффициент трения частицы на наклонной плоскости и на криволинейном трамплине считаем одинаковым и обозначаем, как и прежде, через f.

Свободный полет частицы начинается из точки В (см. рис. 3.3) со скоростью $V_{\text{в}}$, направленной по касательной к дуге окружности трамплина в данной точке. После этого происходит удар частицы о вращающийся барабан.

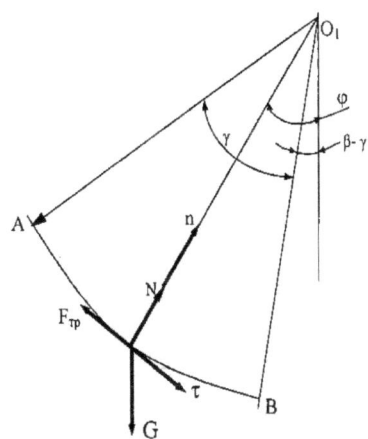

Рис 3.4. Силы, действующие на частицу при движении по дуге окружности

После удара частица вновь переходит в полет в циркулирующем потоке, затем опять возможен удар и свободный полет до тех пор, пока частица не выйдет из зоны сепарации ($y = c$).

Множество вариантов движения частицы при различных значениях исходных параметров убеждает в необходимости проведения математического эксперимента на ЭВМ. Это позволит не только предсказать поведение в сепараторе частиц с различным содержанием полезного компонента, но и подобрать наиболее рациональные конструктивные параметры самого сепаратора. Математическая модель содержит:

1) соотношения (1.8), (1.10), или (1.11) для определения скорости V_A частицы на выходе с наклонной плоскости в зависимости от ее формы;

2) уравнения скольжения по криволинейной поверхности трамплина;

3) уравнения свободного полета частицы в циркулирующем потоке воздуха (2.21) вокруг вращающегося барабана ;

4) соотношения между скоростями частицы при ударе о барабан.

Получив скорость, равную V_A, частица выходит на криволинейный участок дуги *AB* (рис.3.3). Текущее положение частицы будем определять углом φ, отсчитываемым от вертикали. Для определения скорости частицы V_B в точке В, составим дифференциальные уравнения движения частицы в проекциях на оси естественной системы координат τ, *n*(рис 3.4):

$$m \cdot a_\tau = G \cdot \sin\varphi - F_{\text{тр}}, \quad m \cdot a_n = N - G \cdot \cos\varphi \,. \tag{3.9}$$

С учетом выражений для касательного и нормального ускорений, а также силы трения при движении [7] получим систему уравнений

$$\begin{cases} m \cdot \dfrac{dV}{dt} = G \cdot \sin\varphi - fN, \\ m \cdot \dfrac{V^2}{R_1} = N - G \cdot \cos\varphi. \end{cases} \tag{3.10}$$

Из второго уравнения системы (3.10) следует, что

$$N = m \cdot \frac{V^2}{R_1} + G \cdot \cos\varphi, \tag{3.11}$$

поэтому из первого уравнения системы (3.10) получим дифференциальное уравнение

$$m \cdot \frac{dV}{dt} = G \cdot \sin\varphi - f \cdot \left(m \cdot \frac{V^2}{R_1} + G \cdot \cos\varphi\right), \tag{3.12}$$

в котором $V = \dot{\varphi} R1 \cdot$ r. Если представить производную $\dot{\varphi}$ в виде

$$\dot{\varphi}/dt = d\dot{\varphi}/d\varphi \cdot (d\varphi/dt) = \omega \cdot d\omega/d\varphi = d(\omega^2/2)/d\varphi,$$

то уравнение (3.12) можно привести к линейному дифференциальному уравнению относительно переменной $U = 0{,}5\, R_1 \omega^2$:

$$U'_\varphi + 2fU = g(\sin\varphi - f \cdot \cos\varphi), \qquad (3.13)$$

решение которого следует искать в виде [14]:

$$\cdot U = U_{\text{ОДН}} + U_{\text{ЧАСТ}}, \qquad (3.14)$$

где $U_{\text{ОДН}}$ - общее решение однородного уравнения, соответствующего уравнению (3.1), $U_{\text{ЧАСТ}}$ - частное решение уравнения (3.13), подбираемое по виду правой части. Однородное уравнение

$$\frac{1}{2} \cdot U'_\varphi + 2fU = 0$$

решим методом разделения переменных:

$$\frac{1}{2} \cdot U'_\varphi = -f \cdot U \Rightarrow \frac{dU}{U} = -2f \cdot d\varphi,$$

откуда получим

$$U_{\text{ОДН}} = C\exp(-2f\varphi), \qquad (3.15)$$

где C - константа интегрирования (произвольная постоянная).

Частное решение $U_{\text{ЧАСТ}}$ найдем методом неопределенных коэффициентов [14] в виде

$$U_{\text{ЧАСТ}} = C_1\cos\varphi + C_2\sin\varphi. \qquad (3.16)$$

Для определения постоянных коэффициентов C_1 и C_2 подставим предполагаемое частное решение в уравнение (3.13)

$$(-C_1\sin\varphi + C_2\cos\varphi) + 2f \cdot (C_1\cos\varphi + C_2\sin\varphi) = g \cdot (\sin\varphi - f \cdot \cos\varphi)$$

и приравняем выражения при одинаковых функциях

$$\sin\varphi: -C_1 + 2fC_2 = g,$$
$$\cos\varphi: C_2 + 2fC_1 = -gf.$$

В результате получим

$$C_1 = -g \cdot (2f^2 + 1)/(4f^2 + 1); \quad C_2 = g \cdot f/(4f^2 + 1).$$

Таким образом, общее решение дифференциального уравнения (3.13) имеет вид

$$U = C \cdot e^{-2f\varphi} - \frac{g(2f^2 + 1)}{4f^2 + 1} \cdot \cos\varphi + \frac{gf}{4f^2 + 1} \cdot \sin\varphi. \tag{3.17}$$

Теперь определим произвольную постоянную C из начальных условий в точке A (в начале криволинейного участка) $U_A = \dfrac{V_A^2}{2R_1}$ при $\varphi = \beta$, откуда

$$C = \left\{ \frac{V_A^2}{2R_1} + \frac{g}{4f^2 + 1} \left\lfloor f\sin\beta - 92f^2 + 1)\cos\beta \right\rfloor \right\} \cdot \exp(2f\beta). \tag{3.18}$$

После этого нетрудно установить скорость частицы в конце криволинейного участка: при $\varphi = \beta - \gamma$ имеем

$$V_B^2 = C \cdot \exp(-2f(\beta - \gamma) - \frac{g}{4f^2 + 1} \cdot \left[f\sin(\beta - \gamma) - (2f^2 + 1)\cos(\beta - \gamma) \right] \tag{3.19}$$

Если далее частица вылетает в пространство циркулирующего воздушного потока, то этот вылет происходит в точке с координатами

$$\begin{aligned} x_B &= L\cos\beta + R_1\sin\beta + R_1\sin(\gamma - \beta), \\ y_B &= L\sin\beta + R_1(1 - \cos(\gamma - \beta) \end{aligned} \tag{3.20}$$

Со скоростью (3.19), проекции которой на оси координат равны

$$\begin{aligned} V_{Bx} &= V_B\cos(\gamma - \beta), \\ V_{By} &= V_B\sin(\gamma - \beta). \end{aligned} \tag{3.21}$$

Некоторые варианты барабанно-полочного фрикционного сепаратора после трамплина предполагают установку выпуклой криволинейной поверхности – дефлектора (рис. 3.5.) Аналогично показанному, анализируем действующие силы и составляем уравнения движения частицы по поверхности дефлектора. На подвижную частицу действуют сила тяжести G и реакция криволинейной поверхности (нормальная составляющая

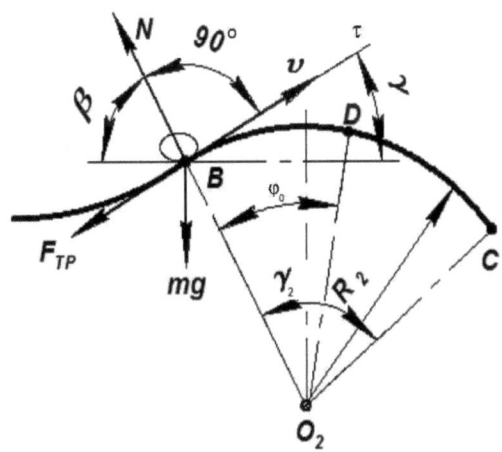

Рис 3.5. Схема движения частиц по поверхности дефлектора

составляющая N, касательная – $F_{тр}$). Уравнения движения частицы по дефлектору в естественной форме   (в проекциях на оси τ и n) имеют вид:

$$\begin{cases} m\,a_\tau = -m\,g\,\cos\varphi - F_{тр}; \\ m\,a_n = -N + m\,g\,\sin\varphi, \end{cases} \qquad (3.22)$$

где $a_\tau = \dfrac{dV_\tau}{dt} = R_2\,\dfrac{d^2\varphi}{dt^2}$ – касательное ускорение,

$a_{\text{n}} = \dfrac{\text{V}_\tau^2}{\text{R}_2} = \text{R}_2\left(\dfrac{\text{d}\varphi}{\text{dt}}\right)^2$ –нормальное ускорение; φ – угол, определяющий текущее

положение частицы на поверхности, рад; R_2 – радиус дефлектора, м.

Возможны два типа движения частицы по дефлектору.

Первый соответствует безотрывному движению по его поверхности при небольших скоростях движения. Во втором случае возможен отрыв частицы от поверхности дефлектора из-за воздействия центробежной силы инерции.

Для определения момента отрыва аналитически проинтегрирована система уравнений (3.20). Величина силы трения при скольжении частицы:

$$F_{TP} = f\,N\,,$$

где N – определяется из второго уравнения системы (3.20) в виде:

$$\text{N} = \text{mg}\sin\varphi - \dfrac{\text{mV}^2}{\text{R}_2}. \tag{3.23}$$

Тогда первое уравнение этой системы может рассматриваться как линейное неоднородное уравнение:

$$U^{'} - 2fU = -g\left(\cos\varphi + f\sin\varphi\right) \tag{3.24}$$

где через U обозначена величина

$$U = \dfrac{V^2}{2R_2} \tag{3.25}$$

. Решение дифференциального уравнения (3.24), как известно [14], может быть представлено суммой общего решения однородной его части $U_{\text{одн}}$ и частного решения $U_{\text{част}}$. Однородное уравнение, соответствующее (3.24), имеет вид $U^{'} - 2fU = 0$, поэтому

$$U_{\text{одн}} = Ce^{2f\varphi}. \tag{3.26}$$

Частное решение, как и для случая криволинейного трамплина, ищем методом неопределенных коэффициентов в виде

$$U_{\text{част}} = C_1 \cos\varphi + C_2 \sin\varphi, \tag{3.27}$$

Подставив (3.25) в (3.22). Получим

$$C_1 \cos\varphi - C_2 \sin\varphi - 2fC_1 \cos\varphi + 2fC_2 \sin\varphi = g\cos\varphi + gf\sin\varphi, \tag{3.28}$$

Приравняв выражения при $\cos\varphi$ и $\sin\varphi$, получим систему алгебраических уравнений относительно C_1 и C_2:

$$\begin{cases} -C_1 - 2fC_2 = gf, \\ C_2 - 2fC_1 = g, \end{cases} \tag{3.29}$$

Из которой получим: $C_1 = \dfrac{-3gf}{1+4f^2}$, $C_2 = \dfrac{-g(1+2f^2)}{1+4f^2}$.

После подстановки в общее решение $U = U_{\text{одн}} + U_{\text{част}}$ начальных условий $\varphi_0 = \gamma$ и $U_0 = \dfrac{V_{\text{B}}^2}{R_2}$ получим выражение, определяющее в конечном виде величину V^2, входящую в выражение для нормальной составляющей силы реакции (3.21).

Отрыв частицы от поверхности дефлектора произойдет при условии $N=0$, т. е.:

$$g\sin\varphi - 2U = 0. \tag{3.30}$$

Отсюда получается трансцендентное уравнение, определяющее угол отрыва частицы от дефлектора:

$$\sin\varphi = \frac{R_2}{g}e^{2f(\gamma-\varphi)}\left\{\left(\frac{V_B}{R_2}\right)^2 - \frac{2g}{R_2\left(4f^2+1\right)}\left[\sin\gamma\left(2f^2-1\right)+3f\cos\gamma\right]\right\}+$$

$$+\frac{2g}{R_2\left(4f_{ck}^2+1\right)}\left[\sin\varphi\left(2f^2-1\right)\right]+3f\cos\varphi, \tag{3.31}$$

Величину угла $\varphi = \varphi_O$, обращающего уравнение (3.31) в тождество, подставляем в общее решение уравнения (3.24), в результате получаем значение квадрата скорости частицы в момент ее отрыва от дефлектора:

$$V_O^2 = 2CR_2e^{2f\varphi_O} - \frac{2gR_2}{4f^2+1}\left[f\cos\varphi_O + (2f^2+1)\sin\varphi_O\right]. \tag{3.32}$$

В этом случае свободный полет частицы в циркулирующем воздушном потоке начинается из точки с координатами

$$x_O = L\cos\beta + R_1\sin\beta + (R_1+R_2)\sin(\gamma-\beta) - R_2\sin\varphi_O,$$
$$y_O = L\sin\beta + R_1(1-\cos\beta - R_1(1-\cos(\beta-\gamma)) - R_2(1-\cos\varphi_O). \tag{3.33}$$

и со скоростью (3.30), проекции которой на оси координат

$$V_{Ox} = V_O\cos\varphi_O,$$
$$V_{Oy} = -V_O\sin\varphi_O. \tag{3.34}$$

Если же частица по дефлектору движется безотрывно, т.е. уравнение (3.29) не имеет решения), то частица дойдет до конца дефлектора. В формулах (3.33), (3.34) надо принять φ_O равным $\beta - \gamma - \gamma_2$.

При отсутствии сопротивления движению при свободном полете частица движется с ускорением свободного падения g, направленным параллельно оси Oy, поэтому движение вдоль оси Ox равномерное, а вдоль оси Oy – равноускоренное (см. разд. 2.1). Циркулирующий вокруг барабана поток воздуха в этом случае не оказывает на движение частицы никакого влияния и частица движется по параболе (2.1) до тех пор, пока не встретится с поверхностью барабана или не упадет на горизонтальную плоскость 4 ($y=c$). Вместе с тем, как показывают исследования гидравлических сопротивлений [15] поток воздуха, обтекающий подвижную частицу, создает силу сопротивления движению, направленную в сторону, противоположную скорости частицы V_r относительно потока. Для описания такого движения частицы следует применять дифференциальные уравнения (2.20).

При ударе частицы о вращающийся барабан (рис. 3.5) уменьшается величина скорости частицы и меняется ее направление. Для того, чтобы вывести соотношения между величиной и направлением скорости частицы до и после удара, воспользуемся законом изменения количества движения материальной точки при ударе [8]

$$m\vec{V}_{OT} - m\vec{V}_{\Pi} = \sum \vec{S}_{yд} \tag{3.35}$$

где mV_{Π} - количество движения частицы перед ударом (V_{Π} - скорость падения); mV_{OT} - количество движения частицы сразу после удара (V_{OT} - скорость отражения), $\sum \vec{S}_{yд}$ - импульс сил, действующих на частицу при ударе.

При этом $\sum \vec{S}_{yд} = \vec{S}_N + \vec{S}_{TP}$, $\overrightarrow{S_N}$ - импульс нормальной реакции, S_{TP} - импульс трения. Соотношение между величинами этих составляющих запишем в соответствии с гипотезой Рауса [8]

$$S_{TP} = fS_N \tag{3.36}$$

39

Как уже указывалось выше, направление силы трения, а, значит, и касательной составляющей ударного импульса противоположно скорости частицы относительно вращающегося барабана. На рис. 3.6 показана одна из возможных ситуаций, при которой частица приближается к поверхности барабана слева от нормали, проведенной через точку контакта К частицы с барабаном при ударе; через α_Π и $\alpha_{от}$ обозначены, соответственно, угол падения и угол отражения частицы. Проектируя векторное уравнение (3.35) на оси координат системы $\tau K n$, с учетом (3.36), получим

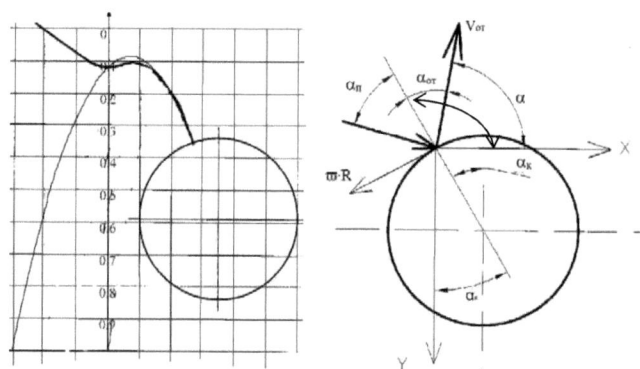

Рис. 3.6. Удар частицы о барабан слева

$$mV_{OT} \sin\alpha_{OT} - mV_\Pi \sin\alpha_\Pi = -fS_N,$$
$$mV_{OT} \cos\alpha_{OT} + mV_\Pi \cos\alpha_\Pi = S_N. \qquad . \qquad (3.37)$$

Система уравнений (3.37) содержит три неизвестные величины: $V_{от}$, $\alpha_{от}$ и S_N, потому добавим к этой системе еще одно уравнение, определяющее величину коэффициента восстановления при ударе [8]

$$k = \frac{V_{OT} \cos \alpha_{OT}}{V_{\Pi} \cos \alpha_{\Pi}} \qquad (3.38)$$

Решая совместно систему уравнений (3.37)-(3.38), получим величину угла отражения, как решение тригонометрического уравнения

$$tg\,\alpha_{OT} = \frac{1}{k}(tg\,\alpha_{\Pi} - f) - f \qquad (3.39)$$

если V_{r} направлено противоположно оси $K\tau$ и $V_{\Pi} \sin \alpha_{\Pi} < 0$, т.е.

$$V_{\Pi} \cdot \sin\alpha_{\Pi} + \omega \cdot R < 0.$$

Аналогично можно показать, что при

$$V_{\Pi} \cdot \sin\alpha_{\Pi} + \omega \cdot R > 0 \text{ (рис. 3.7)}$$

$$tg\,\alpha_{OT} = \frac{1}{k}(tg\,\alpha_{\Pi} - f) + f \qquad (3.40)$$

Величина скорости отражения частицы от барабана после определения $\alpha_{\text{от}}$ может быть выражена из уравнения (3.38) в виде

$$V_{OT} = \frac{V_{\Pi} \cdot (\sin \alpha_{\Pi} - f \cdot \cos \alpha_{\Pi})}{(\sin \alpha_{OT} + f \cdot \cos \alpha_{OT})}, \qquad (3.41)$$

Если $\alpha_{\text{от}} = 90^{\circ}$ и $V_{\Pi} \cdot \sin\alpha_{\Pi} + \varpi \cdot R < 0$, то скорость отражения находится из формулы

$$V_{\text{от}} = V_{\Pi}(\sin\alpha_{\Pi} - f \cdot \cos\alpha_{\Pi}); \qquad (3.42)$$

если же при $\alpha_{\text{от}}=90^{\circ}$ $V_{\text{п}}\sin\alpha_{\text{п}} + \varpi \cdot R > 0$ (рис. 3.6), то скорость отражения находится из формулы

$$V_{\text{от}} = V_{\text{п}}(\sin\alpha_{\text{п}} + f \cdot \cos\alpha_{\text{п}}). \qquad (3.44)$$

В заключение данного раздела укажем метод определения углов $\alpha_{\text{п}}$ и $\alpha_{\text{от}}$ в системе координат xOy, общей для всех механических систем, рассматриваемых при математическом моделировании.

Скорость $V_{\text{п}}$ является конечной скоростью частицы $V=(Vx, Vy)$ на участке свободного полета, а нормаль «n» в точке контакта $K(x_{\text{к}}, y_{\text{к}})$, образует угол α с вертикалью, который можно определить по формулам (4.52). Таким образом, $n=(-\cos\alpha, \sin\alpha)$. Угол между векторами V и n можно установить по величине скалярного произведения

$$\cos\alpha_{\text{п}} = \vec{V} \cdot \vec{n} / (|\vec{V}| \cdot |\vec{n}|) \qquad (3.45)$$

или векторного произведения [16]

$$\sin\alpha_{\text{п}} = |\vec{V} \times \vec{n}| / (|\vec{V}| \cdot |\vec{n}|) \qquad (3.46)$$

Где $\vec{V} = (\dot{x}, \dot{y})$ - вектор скорости точки, $\vec{n} = (x_K - a, y_K - b)$ - вектор нормали в точке K, причем угол наклона вектора нормали к вертикали

$$\alpha_K = arctg\frac{x_K - a}{y_K - b}. \qquad (3.47)$$

Если поделить (3.46) на (3.45) и раскрыть соответствующие значения произведений , то получим

$$tg\alpha_\Pi = (y_K - b)\dot{x} - (x_K - a)\dot{y} \qquad (3.48)$$

Направление вектора $V_{\text{от}}$ задается разностью углов α_{OT} и α_K с вертикалью

$$\begin{aligned}(V_{OT})_x &= V_{OT}\sin(\alpha_{OT} - \alpha_K),\\(V_{OT})_y &= V_{OT}\cos(\alpha_{OT} - \alpha_K).\end{aligned} \qquad (3.49)$$

Эти значения являются начальными для нового участка свободного полета частицы в циркулирующем потоке воздуха.

В зависимости от соотношений коэффициента восстановления и трения, а также координат точки удара возможно движение частицы по различным траекториям с разными начальными условиями.

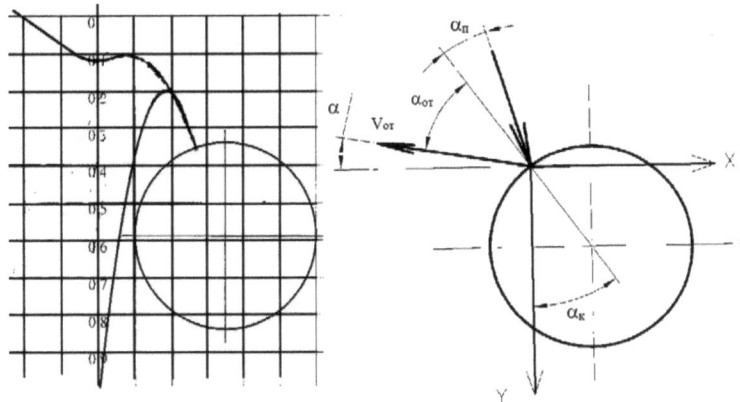

Рис. 3.7. Удар частицы о барабан справа

Описанный алгоритм реализован на компьютере. При моделировании процесса движения частицы по наклонной плоскости и трамплину, а также при ударе ее о барабан коэффициенты трения и коэффициент восстановления задавались при помощи генератора случайных чисел. Решение системы уравнений движения и удара на ЭВМ со случайными параметрами процесса позволило имитировать прохождение частиц через все зоны аппарата и формирование продуктов разделения с оценкой их качественных и количественных характеристик

43

Блок-схема алгоритма приведена на рис. 3.8.

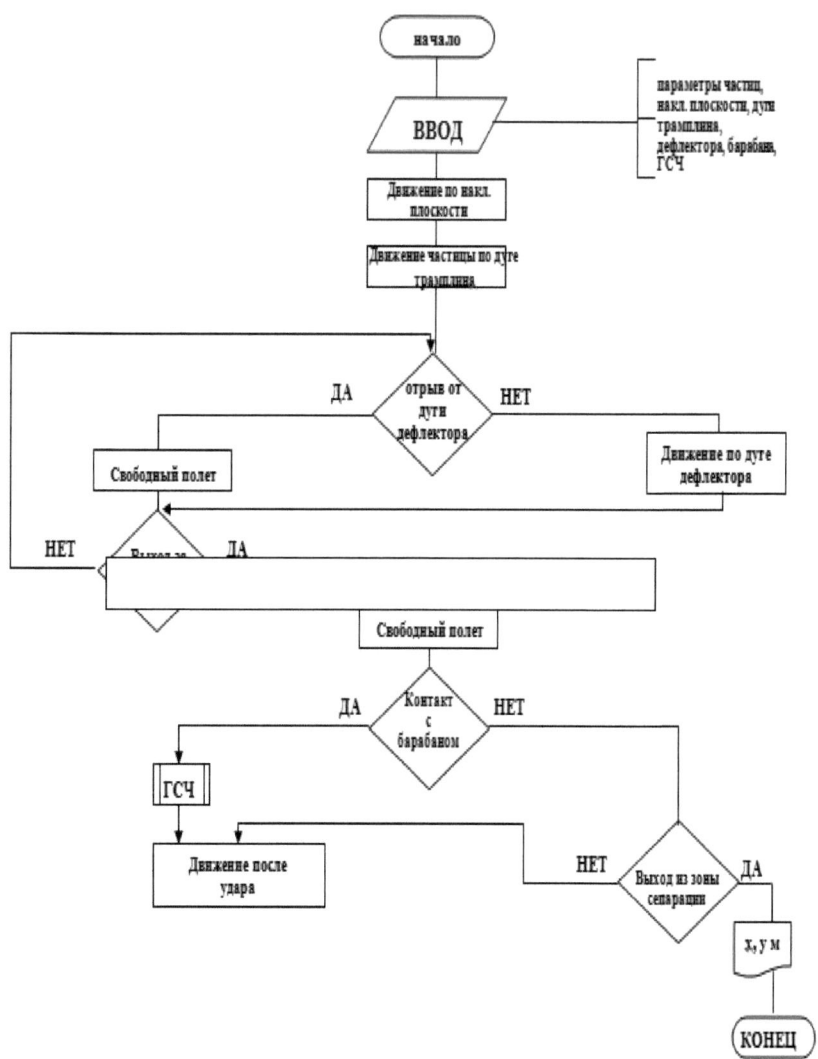

Рис. 3.8. Алгоритм сепарации в БПФС

На рис. 3.9 приведены примеры траекторий движения частиц, полученных при решении на ЭВМ.

Значительное влияние на эффективность разделения оказывают

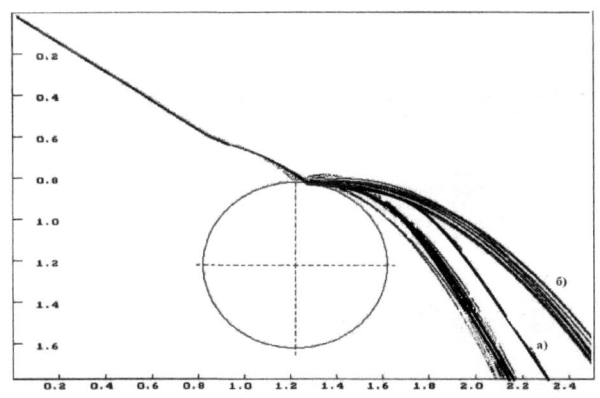

Диаметр барабана 0.8 м, угловая скорость 11,8 рад/с,
угол наклона полки 35°, полка и барабан стальные.

а) Траектории движения асбестовых частиц					б) Траектории движения породных частиц				
Коэф. трения о плоскость	0.47 0.45	0.51	0.41	0.46	0.28	0.33	0.27	0.30	0.33
	0.45 0.44	0.47	0.44	0.45	0.37	0.32	0.30	0.29	0.30
Коэф. трения при ударе	0.16 0.12	0.13	0.27	0.18	0.13	0.10	0.13	0.09	0.09
	0.19 0.25	0.19	0.21	0.17	0.07	0.07	0.08	0.12	0.10
Коэф. восстановления	0.33 0.42	0.39	0.06	0.27	0.40	0.45	0.30	0.48	0.48
	0.26 0.11	0.26	0.21	0.30	0.52	0.52	0.51	0.41	0.45

Рис.3.9. Траектории движения частиц

следующие факторы: диаметр барабана, угловая скорость, угол наклона, поверхность разделения (сталь, резина), координаты установки оси вращения барабана.

При проведении исследований использовалась теория планирования эксперимента. В качестве функции отклика была принята разность координат точек падения породы и асбеста на разделяющую плоскость. Величина функции отклика Y, оценивалась как разность правой границы гистограммы (рис. 3.10) распределения абсцисс падения асбестовых частиц и левой границы гистограммы распределения абсцисс падения породных частиц, Чем больше эта разность, тем эффективнее процесс разделения, так как уменьшается вероятность попадания породы в асбест и асбеста в породу. Координата падения частицы на горизонтальную поверхность зависит от нескольких случайных факторов и сама является случайной величиной.

На рис.3.10 приведены гистограммы распределения абсцисс падения частиц асбеста и породы. Гистограммы показывают, что закон распределения абсцисс падения частиц близок к нормальному. В этом режиме работы угол наклона полки равен 35^0, угловая скорость барабана - 11,8 рад/с, диаметр барабана - 0,8 м, абсцисса оси вращения барабана - 1,4 м) Асбест падает слева, а порода – справа от барабана. Такой режим разделения исходного продукта является наиболее рациональным, так как практически исключается смешение асбеста с породой и потери в хвостах. Если асбест и порода падают по одну сторону барабана, то установкой в соответствующей точке шибера возможно также достаточно эффективно разделить исходный продукт. Однако, в этом случае при соударении частиц возможно отбрасывание асбеста в хвосты и породы в обогащенный продукт, что снизит эффективность процесса разделения.

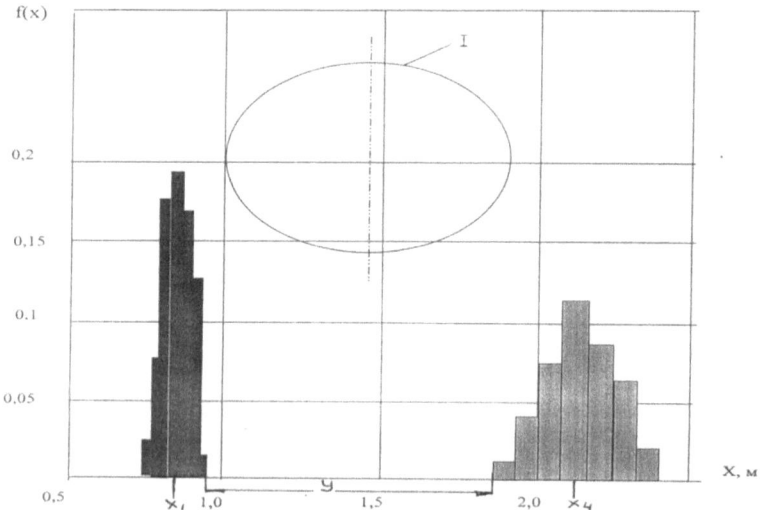

Рис. 3.10. Гистограммы распределения абсцисс падения
частиц асбеста и породы

В таблицах 3.1, 3.2 приведены результаты математического моделирования процесса разделения асбестосодержащей руды. В процессе моделирования изменялись следующие факторы: абсцисса оси вращения барабана и линейная скорость вращения поверхности барабана Именно эти факторы определяют траектории движения частиц и абсциссу их падения. Верхний уровень первого фактора был равен 1,4 м, нижний - 1,2 м ; верхний уровень второго - 4,7 м/с , нижний - 1,7 м/с.

Приведенные в таблицах значения X_1 ,X_2 ,X_3 ,X_4 , - соответственно абсциссы точек падения частиц асбеста слева и справа от барабана и породных частиц слева и справа от барабана в метрах. m_1, m_2 , кг - массы асбестовых частиц, m_3, m_4 кг - массы породных частиц, прошедших соответственно слева и справа от барабана

Таблица 3.1

Результаты математического моделирования процесса обогащения асбестосодержащей руды на фрикционном сепараторе: полка и барабан стальные; угол наклона полки 35°

№	Изменяемые факторы		Асбест f=0,08...0,3; $f_{ск}$ = 0,36...0,44				Порода f=0,05...0,15; $f_{ск}$ = 0,23...0,41				Абсцисса установки шибера	Функция отклика	Расчетное значение
	z_1	z_2	m_1	m_2	X_1 σ_1	X_2 σ_2	m_3	m_4	X_3 σ_3	X_4 σ_4	X,м	у,м	*у*,м
1	+	+	0,73	0	0,84 0,02	0	0	0,73	0	2,12 0,02	1,95	1,16	1,21
2	-	+	0	0,83	0	2,1 0,03	0	0,83	0	2,47 0,04	2,19	0,16	0,15
3	+	-	0,11	0,72	0,97 0,02	1,94 0,05	0	0,83	0	2,53 0,06	2,09	0,26	0,25
4	-	-	0	0,64	0	1,85 0,04	0	0,64	0	1,97 0,02	1,9	-0,06	-0,11

Результаты математического моделирования процесса обогащения асбестосодержащей руды на фрикционном сепараторе: полка стальная; барабан футерован резиной; угол наклона полки 35°

№	Изменяемые факторы		Асбест $f=0{,}09...0{,}43$; $f_{ск}=0{,}36...0{,}44$				Порода $f=0{,}03...0{,}22$; $f_{ск}=0{,}23...0{,}41$				Абсцисса установки шибера	Функция отклика	Расчетное значение
	z_1	z_2	m_1	m_2	$\underline{x_1}$ σ_1	$\underline{x_2}$ σ_2	m_3	m_4	$\underline{x_3}$ σ_3	$\underline{x_4}$ σ_4	x,м	y,м	*y*,м
1	+	+	0,74	0	$\underline{0{,}88}$ 0,02	0	0	0,74	0	$\underline{2{,}14}$ 0,02	1,95	1,08	1,18
2	-	+	0	0,64	0	$\underline{2{,}02}$ 0,04	0	0,64	0	$\underline{2{,}54}$ 0,03	2,15	0,31	0,31
3	+	-	0,29	0,46	$\underline{1{,}0}$ 0,02	$\underline{1{,}88}$ 0,05	0	0,75	0	$\underline{2{,}56}$ 0,06	2,1	0,35	0,35
4	-	-	0	0,69	0	$\underline{1{,}86}$ 0,03	0	0,69	0	$\underline{1{,}98}$ 0,01	1,95	0,0	-0,1

Имитационные моделирования выполнено аналогично для обоснования параметров разделения и конструкции аппаратов для углесодержащих продуктов. Траектории движения представлены на рис. 3.11- 3.12.

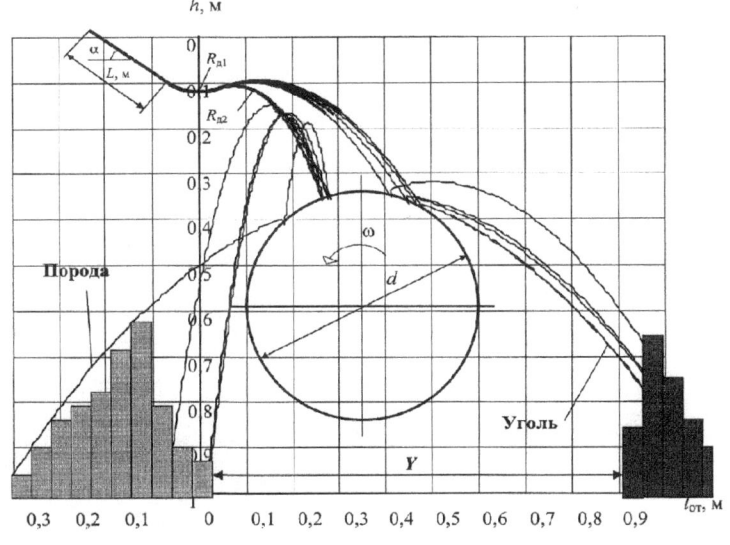

Рис.3. 11. Траек тории движ ения части ц

а) Уголь - Параметры частиц при расчете

Масса частицы (условного шара)	Коэф. трения о плоскость	Коэф. мгновен- ного трения	Коэф. восстано- вления	Скорость при ударе, м/с	Абсцисса точки падения,м	Эквива- лентный диаметр частицы,мм	Результат прохожде- ния частицы
0,058	0,349	0,163	0,457	2,718	1,096	42,868	Да
0,015	0,354	0,165	0,462	2,694	1,092	27,311	Да
0,007	0,339	0,178	0,481	2,764	1,084	21,606	Да
0,045	0,349	0,168	0,465	2,718	1,094	39,346	Да
0,024	0,333	0,164	0,460	2,786	1,071	31,821	Да

б) порода- Параметры частиц при расчете

Масса частицы (условного шара)	Коэф. трения о плоскость	Коэф. мгновен- ного трения	Коэф. восстано- вления	Скорость при ударе, м/с	Абсцисса точки падения,м	Эквива- лентный диаметр частицы,мм	Результат прохожде- ния частицы
0,008	0,502	0,277	0,631	2,394	-0,182	22,609	Да
0,011	0,495	0,250	0,590	2,381	-0,117	24,998	Да
0,034	0,531	0,317	0,692	2,401	-0,331	36,060	Да
0,048	0,486	0,239	0,574	2,381	-0,033	40,302	Да
0,003	0,540	0,297	0,661	2,427	-0,693	15,715	Да

49

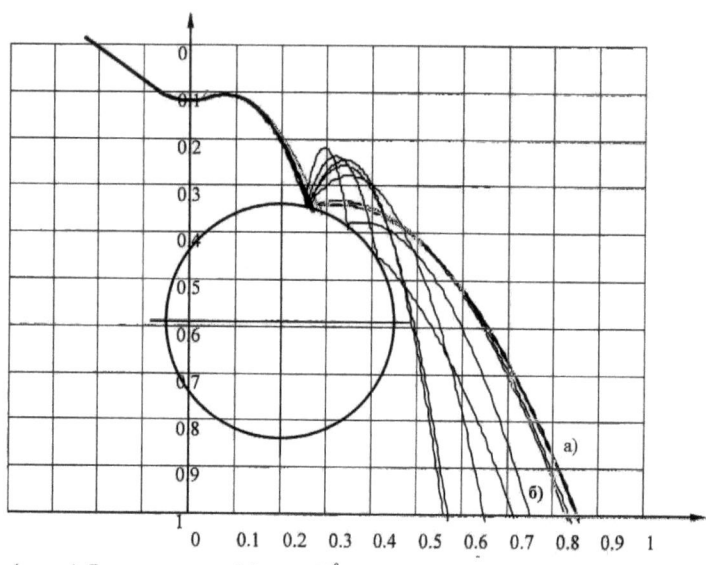

Рис. 3.12. Траектории движения частиц

полка (резина). Б - сталь диаметр 0,5 м α = 35° ω = 8,8, $R_{д1}$ = 0,12; $R_{д2}$ = 0,1 абсцисса ц.Б - 0,2

а) Уголь- Параметры частиц при расчете

Масса частицы (условного шара)	Коэф. трения о плоскость	Коэф. мгновенного трения	Коэф. восстановления	Скорость при ударе, м/с	Абсцисса точки падения,м	Эквивалентный диаметр частицы,мм	Результат прохождения частицы
0,001	0,458	0,170	0,469	2,417	0,862	11,168	Да
0,031	0,458	0,164	0,460	2,417	0,861	34,951	Да
0,057	0,477	0,164	0,459	2,378	0,835	42,678	Да
0,013	0,461	0,164	0,459	2,385	0,843	26,114	Да
0,009	0,468	0,160	0,453	2,403	0,858	22,639	Да

б) порода - Параметры частиц при расчете

Масса частицы (условного шара)	Коэф. трения о плоскость	Коэф. мгновенного трения	Коэф. восстановления	Скорость при ударе, м/с	Абсцисса точки падения,м	Эквивалентный диаметр частицы,мм	Результат прохождения частицы
0,025	0,536	0,346	0,736	2,325	0,572	32,589	Да
0,008	0,521	0,313	0,686	2,337	0,653	22,232	Да
0,008	0,553	0,301	0,667	1,853	0,752	22,158	Да
0,016	0,546	0,383	0,792	2,131	0,716	28,166	Да
0,019	0,517	0,378	0,784	2,327	0,560	29,768	Да

Данные решения были использованы в конструкции фрикционного сепаратора [17].

1. Математическая модель процесса разделения сыпучих многокомпонентных материалов на фрикционном барабанно-полочном сепараторе позволяет всесторонне исследовать процесс разделения частиц по трению и упругим свойствам, служит для рассмотрения большого числа вариантов конструкций и оптимизации режимов работы аппарата при относительно небольших затратах, не прибегая к изготовлению макетов, опытных образцов и их экспериментальному исследованию.

2. Входящие в расчетные формулы коэффициенты трения, а также коэффициенты восстановления и размеры частиц являются случайными величинами, вследствие чего аналитически без ЭВМ рассчитать траекторию движения частицы и осуществить прогноз технологических показателей разделения практически невозможно. В расчетах по составленным программам использовался датчик случайных чисел с заданными математическим ожиданием и дисперсией указанных величин

3. В результате математического моделирования установлено, что эффективность процесса обогащения асбестовых руд зависит от ряда факторов:

а) величины и направления скорости частицы в момент удара о барабан, зависящих, в свою очередь, от взаимного расположения полки и барабана, радиуса и длины дуги полки, коэффициента трения скольжения и начальной скорости частицы;

б) координат точек удара;

в) соотношения между коэффициентами восстановления и трения при ударе;

г) угловой скорости и радиуса барабана: чем больше скорость и радиус, тем ближе, при прочих равных условиях, к началу наклонной плоскости падает частица с более высоким коэффициентом трения и восстановления при ударе.

4. Результаты имитационного моделирования показали, что степень извлечения, выход концентрата и содержание полезного компонента в хвостах зависят от конструктивных и режимных параметров, например: для асбеста сочетания видов покрытия поверхности полки и барабана, какими являются сталь-сталь, сталь-резина; положения оси вращения барабана. Оптимальными параметрами следует считать: диаметр барабана, равный 0,8 м; длину разгонной полки - 1 м; угол наклона полки - 35°, угловая скорость вращения барабана 11,8 рад/с. Для угольных считать диаметр барабана, равным 0,5 м, радиус дуги трамплина с дефлектором 0,1 м, остальные параметры аналогичны.

5. Установка лопаток на торцах барабана в БПФС позволяет увеличить эффективность разделения на 18-22% за счет аэродинамического воздействия на парусные частицы потока воздуха создаваемого вращающимся барабаном.

6. Теоретически обосновано необходимое количество лопаток для создания непрерывного воздушного потока, необходимого для отклонения «парусных» частиц. Установлено, что для отклонения «парусных» частиц крупностью класса -40+5мм необходимо иметь непрерывную струю давлением 200 Па, а для класса -5+0мм 80-100 Па.

3.3. ОПРЕДЕЛЕНИЕ КОНСТРУКТИВНЫХ ПАРАМЕТРОВ СЕПАРАТОРА ПО ТРЕНИЮ И УПРУГОСТИ

Сепаратор СПРУТ [18] предназначен для разделения сыпучих материалов на основе различий в коэффициентах трения и восстановления горных пород. Сепаратор включает (рис. 3.13): корпус 1 с загрузочным лотком в виде наклонной плоскости 2 и отражательные элементы 3, закрепленные консольно в раме 4 (рис. 1).

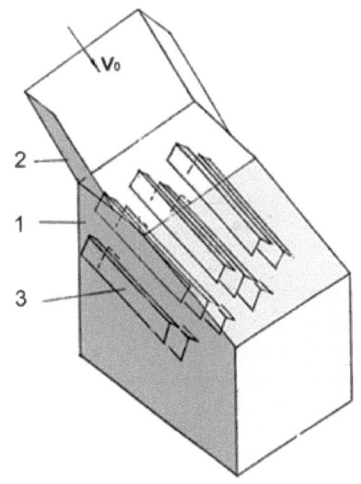

Рис. 3.13. Схема аппарата СПРУТ: 1 – корпус сепаратора; 2 – наклонный желоб; 3 – отражательные элементы

Разделение сыпучих материалов в СПРУТ осуществляется поэтапно: исходный продукт подается на поверхность лотка, который обеспечивает не только подачу материала в зону классификации, но и подготавливает материал с различными коэффициентами трения к разделению. После прохождения по лотку сформированный поток продуктов в виде веера подается на ярусно расположенные отражательные элементы, установленные таким образом, чтобы обеспечить полное ударное взаимодействие с исходным материалом.

В результате этого взаимодействия образуется продольный веер разделяемых частиц материала. Неупругая (обогащенная) фракция располагается в начальной зоне веера, упругая (обеднённая) – на противоположном его краю.

Конструкцией модели сепаратора предусмотрена возможность изменения следующих параметров: схемы пространственного расположения отражающих элементов; угла наклона элемента к горизонту; расстояния между ярусами элементов; расстояния от нижней кромки загрузочного желоба до верхнего яруса элементов; положения отсекающих шиберов.

Материал, поступая на загрузочный лоток с начальной скоростью V_0, движется вдоль наклонного под углом α_0 Скорость V_1, приобретенная частицей в конце лотка, является начальной для свободного полета до соударения с отражательными элементами. Величина скорости в зависимости от формы обогащаемых частиц определяется по формулам (1.8), (1.10) или (1.11). Уравнения свободного полета частицы приведены в разделе 2.1.

Конечными условиями для участка свободного полета являются условия соударения с одним из отражательных элементов.

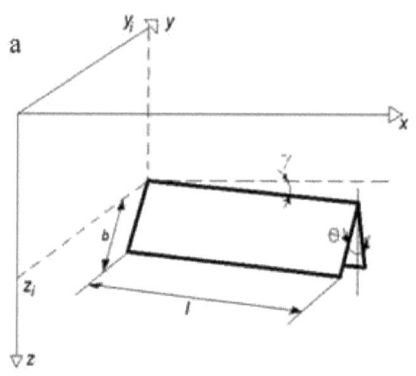

Рис. 3.14. Геометрические параметры отражательного элемента

Положение i-го отражательного элемента характеризуется следующими геометрическими параметрами (рис. 3.14): его длиной l и шириной боковой грани b, м; координатами y_i, z_i вершины двухгранного угла θ в месте его крепления, м; углом наклона γ элемента к горизонтали.

В каждый момент времени полета частицы выполняются проверки: нахождение ближайшего элемента; сравнение координат частицы с координатами этого отражательного элемента; проверка возможности взаимодействия частицы с боковой плоскостью сепаратора.

Встреча с элементом фиксируется в случае, если расстояние между частицей и плоскостью грани i-го отражательного элемента не превосходит задаваемой погрешности ε:

$$\left| x\sin\frac{\theta}{2}\sin\gamma \pm (y-y_i)\cos\frac{\theta}{2} - (z-z_i)\sin\frac{\theta}{2}\cos\gamma \right| \leq \varepsilon \tag{3.50}$$

(знаки $\pm$ соответствуют правой (+) и левой (-) грани отражательного элемента).

При этом в силу ограниченности длины элемента и ширины его грани, а так же в силу расположения отражательного элемента выпуклостью вверх, условие контакта с плоскостями грани должно соответствовать неравенствам:

$$\begin{cases} z > z_i + x\,\mathrm{tg}\,\gamma, \\ \dfrac{x}{\cos\gamma} < l, \\ (y - y_i)^2 + (z - z_i - x\,\mathrm{tg}\,\gamma)^2 < b^2. \end{cases} \tag{3.51}$$

Таким образом, процесс интегрирования системы дифференциальных уравнений, описывающих свободный полет частицы прекращается для тех координат частицы (x_k, y_k, z_k) и той грани отражательного элемента, которые удовлетворяют системе неравенств (3.50)–(3.51). Если при этом, хотя бы одно из неравенств для всех x, y, z не выполняется, частица вылетает из зоны ударного разделения, не коснувшись ни одного из отражательных элементов.

Для определения скорости частицы после соударения с плоскостью отражательного элемента применяем теорему об изменении количества движения при ударе [8]:

$$m\vec{U} - m\vec{V} = S_N \cdot \vec{n} - S_{TP} \cdot \vec{\tau}, \tag{3.52}$$

где $\vec{V}$ – вектор скорости частицы в конце участка свободного полета в точке (x_k, y_k, z_k); $\vec{U}$ – скорость частицы после удара; $\vec{n}$ – единичный вектор нормали к плоскости грани, с которой произошел контакт; $\vec{\tau}$ – единичный вектор касательной, направленный вдоль линии пересечения плоскости удара с плоскостью грани; S_N, S_{TP} – величины ударных импульсов нормальной реакции N и силы трения скольжения, причем $S_{TP} = f_j \cdot S_N$ в соответствии с гипотезой Рауса.

Для удобства векторного представления коэффициент восстановления k_j при ударе определяется из зависимости [8], записанной в виде скалярного произведения:

$$\vec{U} \cdot \vec{n} = -k_j\, \vec{V} \cdot \vec{n} \tag{3.53}$$

Чтобы определить величину ударного импульса нормальной реакции грани отражательного элемента, умножим векторное уравнение (3.52) скалярно на единичный вектор нормали $\vec{n}$:

$$m\vec{U} \cdot \vec{n} - m\vec{V} \cdot \vec{n} = S_N \cdot \vec{n} \cdot \vec{n} - S_{TP} \cdot \vec{\tau} \cdot \vec{n}. \tag{3.54}$$

Учитывая, что $\vec{n} \cdot \vec{n} = 1$, $\vec{\tau} \cdot \vec{n} = 0$, а также используя соотношение (3.53), получим

$$S_N = -m \left(\cdot 1 + k_j \right) \vec{V} \cdot \vec{n}. \tag{3.55}$$

После подстановки этого выражения в уравнение (3.52), получим векторную зависимость, определяющую скорость частицы после удара:

$$\vec{U} = \vec{V} - (1 + k_j) \cdot V_N \cdot \vec{n} \cdot (\vec{n} - f_j \cdot \vec{\tau}), \tag{3.56}$$

из которой нетрудно определить проекции скорости $\vec{U}$ на оси координат x, y, z, являющейся начальной скоростью на новом участке свободного полета:

$$\begin{cases} U_x = V_x - (1 + k_j) \cdot (V_x n_x + V_y n_y + V_z n_z) \cdot (n_x - f_j \tau_x), \\ U_y = V_y - (1 + k_j) \cdot (V_x n_x + V_y n_y + V_z n_z) \cdot (n_y - f_j \tau_y), \\ U_z = V_z - (1 + k_j) \cdot (V_x n_x + V_y n_y + V_z n_z) \cdot (n_z - f_j \tau_z). \end{cases} \tag{3.57}$$

Для удобства пользования формулами (3.57) определены проекции входящих в нее векторов через кинематические параметры частицы и геометрические параметры грани. Единичный вектор нормали $\vec{n}$, перпендикулярный плоскостям граней отражательного элемента (6), имеет проекции:

$$\begin{cases} n_x = \sin \dfrac{\theta}{2} \sin \gamma, \\ n_y = \pm \cos \dfrac{\theta}{2}, \\ n_z = -\sin \dfrac{\theta}{2} \cos \gamma. \end{cases} \tag{3.58}$$

Единичный вектор касательной $\vec{\tau}$ можно найти из выражения двойного векторного произведения:

$$\vec{\tau} = \vec{n} \times \vec{b}, \tag{3.59}$$

где $\vec{b}$ — вектор бинормали:

$$\vec{b} = \frac{\vec{V}}{V} \times \vec{n}, \tag{3.60}$$

$$V = \sqrt{V_x^2 + V_y^2 + V_z^2}. \tag{3.61}$$

Из уравнения (3.60) следует

$$\begin{cases} b_x = \dfrac{1}{V}(V_y n_z - V_z n_y), \\[2mm] b_y = \dfrac{1}{V}(V_z n_x - V_x n_z), \\[2mm] b_z = \dfrac{1}{V}(V_x n_y - V_y n_x), \end{cases} \qquad (3.62)$$

а из уравнения (3.59) находим проекции вектора $\vec{\tau}$ на выбранные оси координат

$$\begin{cases} \tau_x = n_y b_z - n_z b_y, \\[1mm] \tau_y = n_z b_x - n_x b_z, \\[1mm] \tau_z = n_x b_y - n_y b_x. \end{cases} \qquad (3.63)$$

Отскок от грани отражательного элемента может и не произойти, если угол отражения близок к 90°. В этом случае из-за неровности поверхности частиц начнется их скольжение по плоскости грани. При этом скорость частицы будет убывать до тех пор, пока частица не покинет боковую поверхность грани. Если принять угловую погрешность расчетов равной η, то критерием начала скольжения по боковой поверхности грани может служить неравенство: $U_n \le U_\tau \cdot \mathrm{tg}\,\eta$, то есть

$$U_x n_x + U_y n_y + U_z n_z \le (U_x \tau_x + U_y \tau_y + U_z \tau_z) \cdot \mathrm{tg}\,\eta. \qquad (3.64)$$

В этих условиях происходит не свободное, а стесненное движение частицы по плоскости грани

$$x \sin\frac{\theta}{2}\sin\gamma \pm (y - y_i)\cos\frac{\theta}{2} - (z - z_i)\sin\frac{\theta}{2}\cos\gamma = 0. \qquad (3.65)$$

Уравнение данного движения включает уравнение связи (21) и три дифференциальных уравнения, составленные на основе второго закона Ньютона для частицы:

$$m \cdot \vec{a} = m\vec{g} + N\vec{n} - f_j N \frac{\vec{V}}{V}, \qquad (3.66)$$

где m – масса частицы; $\vec{a}$ – её ускорение; N и $f_j N$ – величины нормальной реакции и силы трения скольжения, соответственно; $\vec{g}$ – ускорение свободного падения; $\vec{n}$ и $\vec{V}/V$ – направляющие вектора нормали к плоскости и касательной к траектории движения на плоскости.

Величину нормальной реакции N нетрудно найти из уравнения (3.66), спроектировав его на нормаль $\vec{n}$:

$$m \cdot \vec{a} \cdot \vec{n} = m\vec{g} \cdot \vec{n} + N\vec{n} \cdot \vec{n} - f_j N \frac{\vec{V} \cdot \vec{n}}{V},$$

Откуда с учетом, что $\vec{a} \cdot \vec{n} = 0$ и $\vec{V} \cdot \vec{n} = 0$, получим

$$N = -m\vec{g} \cdot \vec{n} = mg \sin \frac{\theta}{2} \cos \gamma. \tag{3.67}$$

Таким образом, уравнениями движения частицы по грани отражательного элемента являются следующие:

$$\begin{cases} \ddot{x} = g \sin \frac{\theta}{2} \cos \gamma (\sin \frac{\theta}{2} \sin \gamma - f_j \frac{\dot{x}}{V}), \\ \ddot{z} = g - g \sin \frac{\theta}{2} \cos \gamma (\sin \frac{\theta}{2} \cos \gamma - f_j \frac{\dot{z}}{V}), \end{cases} \tag{3.68}$$

где $V = \sqrt{\dot{x}^2 + V_y^2 + \dot{z}^2}$, $V_y = \pm \mathrm{tg} \frac{\theta}{2} (\dot{z} \cos \gamma - \dot{x} \sin \gamma)$.

Интегрирование системы уравнений (3.68) следует вести до тех пор, пока частица не дойдет до нижней кромки грани, т. е. при

$$|z \cos \gamma - b - x \sin \gamma| \le \varepsilon. \tag{3.69}$$

Начальными условиями для системы уравнений (3.68) являются значения проекций скорости

$$\dot{x} = U_x; \quad \dot{z} = U_z \tag{3.70}$$

и координат точки контакта с гранью x_k, z_k. Покидает поверхность грани частица в точке L, координаты которой x_L, z_L удовлетворяют неравенству (3.69), а y_L определяется из уравнения (3.65) в виде

$$y_L = y_i \pm \mathrm{tg} \frac{\theta}{2} [(z - z_i) \cos \gamma - x \sin \gamma]. \tag{3.71}$$

Таким образом, выражения (3.57) могут служить начальными значениями скорости на следующем участке свободного полета из точки соударения с координатами (x_k, y_k, z_k). В случае скольжения частицы по грани свободный полет начинается в точке с координатами (x_L, y_L, z_L) со скоростью, проекции которой определяются из системы уравнений (3.68). Далее вновь следует обратиться к решению системы дифференциальных уравнений свободного полета частицы с новыми начальными условиями. Чередование процессов интегрирования дифференциальных уравнений с соударениями о грани отражательных элементов происходит до тех пор, пока частица не покинет зону ударного разделения.

Указанный алгоритм (рис. 3. 15) реализуется на ПЭВМ со случайной выборкой начальных параметров движения (точки начала движения по наклонной плоскости и ее начальной скорости), а также случайным выбором параметров самой частицы (её размеров и физических параметров трения и упругости). Блок-схема моделирования работы разделительного аппарата приведена на рис. 3.Результаты численного моделирования позволяют оценить эффективность разделения при выбранных конструктивных параметрах аппарата, а также выбрать их наиболее рациональные значения.

Организация вычислений при моделировании разделения частиц по различию в коэффициентах трения и упругих свойств заключается в следующем:

1. Моделируется разгон частиц по загрузочному лотку с учетом сил трения. Начальное положение частицы по ширине загрузочного лотка определяется генератором случайных чисел. Параметры частиц могут задаваться двумя способами: перебором по порядку дискретных значений параметров: для каждого сочетания параметров (типа частиц) реализуется несколько

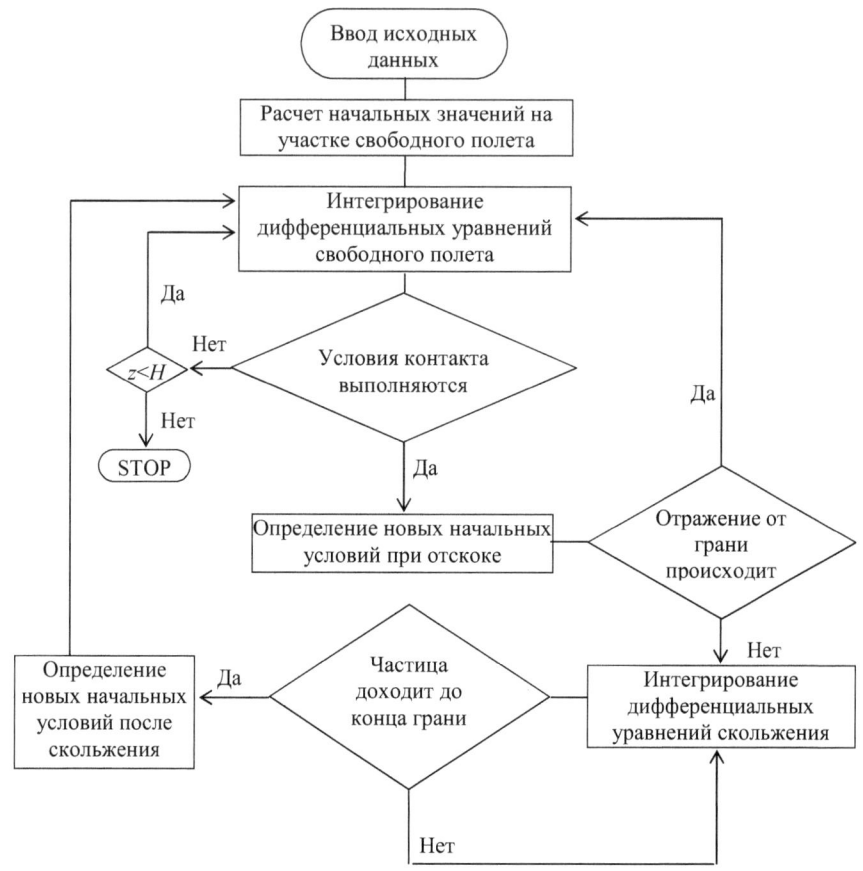

Рис. 3.15. Алгоритм моделирования процесса движения частицы
в разделительном аппарате

траекторий; генерированием случайной последовательности типов частиц в соответствии с заданным распределением частиц по вещественному и фракционному составу.

2. Моделируется траектория свободного полета частиц до встречи с отражательным элементом. Элементы траектории рассчитываются дискретно с автоматическим выбором шага по времени.

3. Определяются момент и координаты точки встречи частицы с отражающим элементом, боковой стенкой или дном.

4. Определяются условия перехода на скольжение. В случае перехода дальше рассчитывается траектория скольжения. В противном случае определяются траектории после отскока.

5. После взаимодействия с отражательным элементом повторяются вычисления по п. 2 до следующей встречи с элементом.

Вычисления прекращаются при полной потере частицей начальной высоты.

6. В процессе моделирования накапливается статистика о координатах частицы в момент падения на дно.

7. Для каждого типа частиц рассчитывается средняя длина траектории. Различие координат позволяет судить о разделении частиц по размерам и другим признакам. Результат выдается в виде таблицы и графика.

8. Путем изменения конструктивных параметров и анализа результатов осуществляется выбор их рациональных значений.

Теоретические исследования свидетельствует о сложной траектории движения частиц в пространстве разделительного аппарата. Однако конечным результатом является концентрация неупругой и упругой фракций в различных частях аппарата. Поэтому в качестве основного оценочного показателя может быть принята разница между местом падения частиц породы и волокна от вертикальной линии отсчета.

В результате имитационного моделирования установлено, что наибольшее влияние на показатель разделения оказывает изменение угла наклона загрузочного желоба. Так при скорости подачи исходного продукта V_0=1,0 м/с увеличение угла наклона с 40° до 55° снижает показатель разделения в 4 раза.

Такая же закономерность имеет место при V_0=0,5; 1,5; 2,0 м/с. С учетом ограниченного расстояния падения породных частиц лучшие условия разделения обеспечиваются при углах наклона загрузочного желоба в интервале 40-45° при $V_0 = 0,5…1,0$ м/с.

При постоянном угле наклона загрузочного желоба изменение скорости подачи исходного материала в интервале от 0,5 до 2,0 м/с существенно не влияет на разделение продуктов по трению.

С увеличением длины желоба показатель разделения повышается в 1,5-2 раза, но при этом увеличивается дальность падения породы от точки отсчета. В этом случае габариты аппарата могут увеличиваться как по высоте, так и по длине.

Расчеты показывают, что для обеспечения контакта всех частиц потока материала с поверхностью рабочих элементов необходимо их расположить, как минимум, в два яруса. Причем, ширина щели между соседними элементами должна быть меньше или равна ширине элемента.

Траектория движения частицы после отражения от поверхности элемента определяется параметрами движения частицы в момент взаимодействия с поверхностью разделительного элемента, параметрами отражающей плоскости, а также параметрами частиц, которые характеризуются их упругими свойствами и коэффициентом трения.

Первые две группы параметров являются регулируемыми, третья группа параметров определяет характер траектории частиц после их ударного взаимодействия с наклонной поверхностью элемента.

Анализ параметров движения частиц на различных участках траектории в точках соударения с элементами показывает следующее:

1. Породные частицы крупностью более 2 мм в момент первого удара имеют скорости, равные (4,5 – 5,0) м/с. После удара скорость уменьшается до (3,4 – 3,8) м/с. Направление движения частиц в плане изменяется в среднем на угол 31° от оси y (продольной оси отражающих элементов). На породные частицы менее 2 мм значительное влияние оказывает сопротивление воздуха, поэтому скорость их падения в момент первого удара меньше, чем у крупных частиц. Так, у частиц размером 1 мм скорость падения в момент первого удара равна (4,0 – 4,1) м/с. Соответственно снижается скорость отражения.

2. Нераспущенные агрегаты асбеста (пешка) в момент первого удара имеют угол падения несколько больший, чем у породы, равный (63 – 64°) и скорость (4,0 – 4,5) м/с. После удара скорость уменьшается до (2,5 – 3) м/с. Изменение направления движения от оси у составляет (31 – 32°).

Породные частицы имеют большую упругость, поэтому при отражении получают большую скорость и движутся по более пологой траектории чем, «пешка», которые движутся после удара по более крутой траектории.

3. Распушенные волокна после первого удара о поверхность элементов теряют скорость движения с $(1,7 - 1,8)$ м/с до $(0,4 - 0,5)$ м/с.

4. Анализ траектории движения частиц после соударения с поверхностью элементов позволяет сделать весьма важный вывод: наиболее целесообразным следует считать взаимное расположение элементов, которое обеспечивает реализацию второго удара только для породных частиц.

5. Для всех значений двугранного угла с увеличением угла наклона элементов показатель разделения повышается и достигает максимальной величины при $\gamma = 25°$. С дальнейшим увеличением угла наклона элементов показатель разделения падает.

Максимальные значения показателя разделения получены при двугранных углах θ в интервалах $(90 - 110°)$.

6. Расстояние по вертикали между ярусами элементов в определенной мере взаимосвязано с шириной наклонной плоскости элемента. Эта взаимосвязь обусловлена необходимостью сохранения геометрических пропорций при изменении конструктивных параметров.

В интервале ширины элементов от $0,05$ до $0,15$ м показатель разделения практически не изменяется и равен $1,38 - 1,4$ м. С дальнейшим увеличением ширины элементов показатель разделения снижается до $1,1$ м для $b = 0,3$ м). Наиболее рациональными можно считать ширину элементов $b = (0,14 - 0,15)$ м, что при двухгранном угле $\theta = 90°$ соответствует уголку № 100 фасонного проката.

7. Скорость подачи частиц в загрузочный желоб должна составлять $1,0...1,5$ м/с.

8. Минимальная рабочая длина отражательных элементов составляет $1,14$ м с учетом рационального угла наклона $\gamma = 25$

На основании проведенных исследований была предложена конструкция аппарата с учетом рассмотренных условий [18]

ЗАКЛЮЧЕНИЕ

Основным направлением для создания и разработки аппаратов сухого обогащения горных пород являются их математическое моделирование.

В представленной монографии рассматриваются варианты математических моделей различных аппаратов, осуществляющих разделение горных пород по различным признакам Методы, применяемые для описания процессов, происходящих при движении горной массы в разделительных аппаратах, опираются на основные законы механики и могут использоваться не только в конкретных описанных выше машинах. Именно универсальность полученных уравнений создает основу для исследований, аналогичных данному, что в конечном виде позволит создать технические средства с высокими показателями эффективности разделения многих руд, отличающихся различными физическими свойствами минералов, входящих в их состав.

Данная работа и подход к моделированию позволяет разработать новые технические решения разделительных аппаратов на основе контрастности фрикционных, упругих и иных свойств минералов.

СПИСОК ЛИТЕРАТУРЫ

1. Абрамов А.А. Технология переработки и обогащения руд. (учебное пособие). М.: МГТУ, 2005. 470 с.

2. Кольга А.Д. Аппараты для разделения многокомпонентных смесей полезных ископаемых. // Современные проблемы науки и образования - 2012.-№6. (приложение "Технические науки"). - С. 8

3. Ляпцев С.А., Потапов В.Я., Афанасьев А.И. Аппараты для разделения горных пород по упруго-фрикционным свойствам. LAP LAMBERT Academic Publishing, Deutschland, Saarbrucken 2014. – 89 с.

4. Адов В.А. Морозов В.В.. Разработка и применение критерия формы для оценки обогатимости угля пневматическим способом // Горный информационно-аналитический бюллетень, № 4, 2010 – С.244-250.

5. Барон Л.И. Характеристика трения горных пород. – М.: Наука, 1967. – 207 с.

6. Потапов В.Я., Цыпин Е.Ф., Иванов В.В. Использование фрикционных характеристик сыпучих материалов для их разделения. Горный информационно–аналитический бюллетень. - № 11, 2005.– С.326-328.

7. Бутенин Н.В., Лунц Я.Л., Меркин Д.Р. Курс теоретической механики. – СПб: Лань, 2006. 730 с.

8. Вебер Г.Э., Ляпцев С.А. Дополнительные главы механики для горных инженеров. . – Свердловск : УрГУ, 1989. – 199 с.

9. Ревнивцев В.И., Азбель Е.И.,. Баринов Е.Г. Подготовка минерального сырья к обогащению и переработке. – М.: Недра, 1987. – 300 с.

10. Смолдырев А.Е. Трубопроводный транспорт. – М. : Недра, 1980. – с. 27.

11. Лобанов Д.П., Смолдырев А.Е. Гидромеханизация геолого-разведочных и горных работ. - М.: Недра, 1982.- 342 с.

12. Бахвалов Н. С., Жидков Н. П., Кобельков Г. М. Численные методы. — М.: Бином, 2001 — с. 363—375.

13. Ляпцев С.А. Математическое моделирование разделения частиц в барабанно-полочном фрикционном сепараторе / С.А. Ляпцев, Е.Ф. Цыпин, В.Я. Потапов, В.В. Иванов // Изв. вузов. Горный журнал, №7, 1966. - С.147-150

14. Краснов М.Л., Киселев А.И., Макаренко Ц.И. Обыкновенные дифференциальные уравнения: Задачи и примеры с подробными решениями. 4-е изд. испр. 2002. – с. 188-191.

15. Альтшуль А.Д. Гидравлические сопротивления. - М.: Недра, 1970.- 216 с.

16. Беклемишев Д.В. Курс аналитической геометрии и линейной алгебры- М.: ФИЗМАТЛИТ, 2005. - 304 с.

17. *Способ разделения сыпучих материалов и устройство для его осуществления*: пат. решение Ru №201018658 «Д», опубл. 20.11.2011. В.Я. Потапов, Е.Ф. Цыпин, В.В. Потапов, В.В. Иванов.

18. Потапов В.Я., Афанасьев А.И., Ляпцев С.А., Цыпин Е.Ф., Потапов В.В., Иванов В.В. Сепаратор для разделения материалов по трению и упругости // Патент России № 111780, 2011. Бюл. № 36126.

Printed by Books on Demand GmbH, Norderstedt / Germany